Web3

时代的AI战略

［日］大植择真＿著

洪安澜　苏秋韵＿译

中国科学技术出版社

·北　京·

WEB3 JIDAI NO AI SENRYAKU by Takuma Oue
Copyright © 2022 by ExaWizards Inc.
All rights reserved.
Originally published in Japan by Nikkei Business Publications, Inc.
Simplified Chinese translation rights arranged with Nikkei Business Publications, Inc.
through Shanghai To-Asia Culture Co., Ltd.
Simplified Chinese translation copyright © 2024 by China Science and Technology Press
Co., Ltd.

北京市版权局著作权合同登记　图字：01-2024-3518

图书在版编目（CIP）数据

Web3 时代的 AI 战略 /（日）大植择真著；洪安澜，苏秋韵译 . — 北京：中国科学技术出版社，2024.7
ISBN 978-7-5236-0577-6

Ⅰ . ① W… Ⅱ . ①大… ②洪… ③苏… Ⅲ . ①互联网络②人工智能 Ⅳ . ① TP393.4 ② TP18

中国国家版本馆 CIP 数据核字（2024）第 057538 号

策划编辑	任长玉	责任编辑	孙倩倩
封面设计	北京潜龙	版式设计	蚂蚁设计
责任校对	张晓莉	责任印制	李晓霖

出　　版	中国科学技术出版社
发　　行	中国科学技术出版社有限公司
地　　址	北京市海淀区中关村南大街 16 号
邮　　编	100081
发行电话	010-62173865
传　　真	010-62173081
网　　址	http://www.cspbooks.com.cn

开　　本	880mm × 1230mm　1/32
字　　数	184 千字
印　　张	9.25
版　　次	2024 年 7 月第 1 版
印　　次	2024 年 7 月第 1 次印刷
印　　刷	大厂回族自治县彩虹印刷有限公司
书　　号	ISBN 978-7-5236-0577-6 / TP·479
定　　价	79.00 元

前　言

在日本，Web3 的话题热度不断上升。

部分读者或许会认为"Web3 不过是高科技行业的流行热词罢了，与我何干？"但这股潮流的影响力并不止步于高科技行业。Web3 将为社会和许多企业提供全新的问题解决方案。

2022 年 6 月 7 日，日本内阁会议通过了《经济财政运营及改革基本方针》（也称"骨太方针"），其中明确提到"在硬件保障方面，支撑 Web3.0 的网络基建已被提上议程。此举将有利于推广基于区块链技术的非同质化通证（Non-Fungible Token, NFT）与去中心化自治组织（Decentralized Autonomy Organization, DAO）等 Web3.0 服务"。此处的 Web3.0 也可以理解成本书中提到的 Web3。

Web3 通常指运用区块链技术构建的互联网服务，而近年来越来越多的人认为它是打破网络生态垄断，实现去中心化的革命性技术。笔者认为，Web3 所涉及的并不仅是科技或经济领域的问题，而且是赋能互联网用户、还权于民（Power to the people）的互联网新范式，反映的无疑是一种全新的价值观。

为什么近年来 Web3 话题不断，热度不减？

其一是区块链技术的普及，以及因区块链普及而落地的NFT。基于这项技术，天价的数字艺术品交易成为可能。其二是发展迅猛的元宇宙（Metaverse）技术。为此，科技巨头纷纷入局，新闻不断。但如今人们聚焦于 Web3 还另有原因。

如今，以谷歌（Google）、亚马逊（Amazon）、元宇宙（Meta）[①]、苹果（Apple）等科技巨头为首的美国高科技公司在全球科技行业掌握着绝对的话语权。人们对 Web3 的追捧正是源于对这种现状的不满。科技巨头在美国的巨大影响力，已经触碰到了反垄断法及言论自由原则的底线，演变成了一个大问题。此外，近年来日本社会贫富分化严重，加之新型冠状病毒（COVID-19）肆虐、俄乌冲突、恶性通货膨胀，各种社会动荡因素也令人不安。这些现实中的困境也加深了人们对科技革新的期待。

20 世纪 90 年代之后，互联网给世界带来了巨大变化。这里举个简单的例子：先是网站与邮箱提供了信息互通的便利，而后电子商务（Electronic Commerce, EC）提供了消费的便利，社交平台（Social Networking Services, SNS）提供了交流的便利，最后网络拼车、民宿预约提供了交通与住宿的便利。我们周遭的一切都经历了翻天覆地的变化，可以毫不夸张地说，智能手机就是当今社会不可或缺的"基础设施"。

2010 年之后，人工智能（Artificial Intelligence, AI）所带

---

① 元宇宙（Meta）的前身是脸书（Facebook）。——编者注

来的变化不亚于当年的互联网。2012 年 AI 崭露头角，震撼世人。就在那一年，AI 通过深度学习技术实现了质的飞跃。与之相关的研究始于 20 世纪 50 年代，最终在 2010 年之后的科技浪潮中开花结果。在此次科技浪潮中，机器学习及深度学习的研究成果最为亮眼。

其中最为重要的是十余年来影响深远的 AI 自主学习模型。AI 自主学习模型能最大限度利用价值链上各环节及前后端的用户数据。大量的数据能驯化出高质量的 AI，而随着高级 AI 的普及又能挖掘出更深入的信息并进一步训练，从而提高 AI 的水平。如此循环往复。就在这样周而复始的学习中，企业创造出的价值出现了指数级增长。

指数级增长这一点至关重要。这种生产方式创造出了惊人的价值，效率远超规模化生产。但令人遗憾的是，日本的大多数企业对此认识不足、舍本逐末，仅仅将 AI 运用于零配件生产过程中的图像识别及异常检测等环节，只重视生产环节上的效率，始终无法摆脱规模化的生产模式。

而今，认知的差异带来了什么样的结果呢？

在过去的二十多年间，美国的科技巨头迅猛发展、独步全球。与此同时，日本企业却逐步淡出了世界舞台。日本缺乏能引领经济发展的高科技企业，经济的长期停滞与此也不无关联。

今后，Web3 带来的社会变化必然和 AI 深度联动。在过去的十余年里，互联网和 AI 成为美国科技巨头发展壮大的源动力。但成也萧何，败也萧何，美国为人诟病的社会不公也源自二者的无序发展。

Web3 时代的 AI 技术也会显著地改变社会和企业。互联网范式的转移将使各竞争者都回到同一起跑线上。日本的企业及社会应将其视为一次机会。若能理解 Web3，并基于 AI 自主学习模型重构企业乃至整个社会的话，日本的经济也将步入全新的阶段。如此一来，那些广受好评却难以赢利的社会公益服务，也能创造出足够的利润，许多社会性问题也就可能迎刃而解。

笔者所供职的爱克萨科技公司（ExaWizards）以解决当今的社会问题为己任。公司上下众志成城，致力于"以 AI 解决社会问题，创造幸福社会"的目标。在 Web3 时代应该如何使用 AI 来应对社会课题呢？随着 Web3 的话题广为流传，AI 的影响力日渐引起了人们的关注。

AI 的影响力几何？为了寻求答案，我们调查了日本国内及国外应用 Web3 的社会实践案例。其中我们着重考察以 AI 及数字化转型（Digital Transformation, DX）为基础，旨在改善社会问题的一些尝试。调查发现，以下 5 个要素构成的框架机制能很好地解决当今人类所面对的种种社会问题。取其英文首字母，我们称之为"BASICs"。

这 5 个要素分别是行为模式变革（Behavioral change）、效

果的可视化（Accountability）、规模化与持续优化（Scale &
Continuous improvement）、营利性（Income with profit）、数据
价值化（Cultivate data value）。这些都是利用 AI 解决社会问
题时不可或缺的要素。末尾的 "s" 指通过 BASIC 框架为用户
创造价值（Customer Success），并最终实现社会共赢（Society
Success）的理想局面。

之所以将 "行为模式变革" 放在第一位，是因为我们相
信认知与信念的力量是最为重要的。AI 一旦被投入使用，借
助于自主学习模型会变得愈发 "聪明"。其发展趋势几乎不受
人类伦理道德的约束及良善愿望的左右。若不强调 "AI 服务
于社会" 的基本原则，那么人类沦为 AI 奴隶的担忧并非杞人
忧天。

如果各人自扫门前雪，莫管他家瓦上霜，所有个人及企
业仅利用 AI 谋求自身利益，对全社会而言这无疑是 "短多
长空" 的。能抑制这种消极势头的，只有人类认知与信念的
力量。

本书的第 1 部分将对 Web3 带来的社会变化、Web3 时代
的 AI 战略，以及 BASICs 框架进行详细地说明。随着 BASICs
框架的实现，随之而来的是更深入的 DX。这种变化被称为
Beyond DX，第 1 部分中也会涉及这一问题（图 0–1）。

本书的第 2 部分将列举一些采用 BASICs 框架，并灵活运
用 AI 处理社会问题的案例。在其中，我们将着重介绍几个以

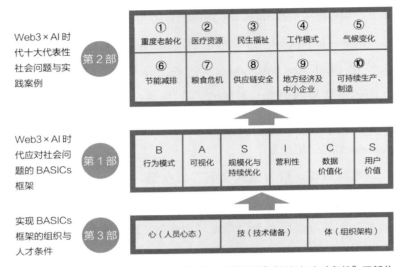

图 0-1　本书所介绍的"框架""社会问题及实践案例""组织与人才条件"三部分内容构成

Web3 技术解决社会问题的热门案例。

在第 1 部分的概念介绍和第 2 部分的案例分析之后，在第 3 部分介绍一下我们对未来的展望。这一部分参考武道所提及的"体·技·心"三位一体概念，从"体（组织架构）""技（技术技能）""心（从业人员的心态）"三个维度揭示未来的发展方向。此三点可谓是 BASICs 框架落地的组织基础。

除了前文论及的贫富分化，全球变暖、粮食危机、大流行病、全球价值链断链脱钩等国际问题也愈发凸显。全球能维持健康生活的人仅占少数。在日本，因经济停滞引发的老龄化与人口减少问题严重。如任其发展，日本乃至全球都有可能陷入新的危机，我们必须设法打破这种困局。

　　有志于解决社会问题的人们应团结一致，对日本进行一次社会范式的改革。除此之外，没有更好的办法能使日本重生。

　　高科技行业的传奇人物艾伦·凯（Alan Curtis Kay）曾表示："预测未来的最好方法就是创造未来。"仅有如此，我们才能一窥 Web3 的光明未来。我们希望在 BASICs 框架下践行 Web3 时代的 AI 战略，并与各位读者一道实现这光明的未来。

大植择真

目　录

━━━━━━━━━━　第 3 部分　━━━━━━━━━━

引领 Web3 时代的 AI 战略走向成功的"体·技·心"

第 1 部分

Web3 与 AI

第 1 章

Web3 的热度与日俱增，其根本在于价值观的转变

2022 年新年伊始，在海外舆论的带动下，日本本土关于 Web3 的讨论热度急剧升高。

该话题的讨论并不局限于一些头部高科技公司，在日本民间也引起了广泛关注。同时，有关话题的热度不仅影响了高科技产业，还引起了日本政府的高度重视。2022 年 6 月 7 日，日本内阁通过了《经济财政运营及改革基本方针》。该方针中有如下描述：

为了创造出新的社会价值，互联网用户自主管理及使用个人数据的实践已蔚然成风。如建设可靠的去中心化网络环境，普及区块链上的数字化资产并强化资产管理等。为了实现这种去中心的数字化社会，日本政府决定搭建必要的网络基础设施予以支持。

为此，日本政府开始推行"可信网络 (Trusted Web)"技

术框架，并致力于加强其功能的具体化与标准的国际化。在硬件保障层面，支撑 Web3.0 的网络基建被提上了议程。此举将有利于推广 NFT 与 DAO 等 Web3.0 应用。在金融政策层面，为促进金融科技（Fintech）的发展，日本政府计划采取以下若干措施，如完善证券化代币（数字证券）的融资制度，适当放宽加密资产用户的筛选机制，完善金融支付手段的相关政策等。

文中提到的 Web3.0 就是 Web3。为何 Web3 拥有如此热度？我们认为原因在于 Web3 不仅仅是一个科技或金融领域的概念，更是一种全新的价值观。可以说，Web3 无疑是解决当前社会问题的"不二法门"。

⊕ 不亚于 Web2.0 的巨变

这里我们简单回顾一下历史。

在约 20 年前，"Web2.0"一词备受瞩目。该词是 O'Reilly Media 公司创始人蒂姆·奥赖利（Tim O'Reilly）提出的。简而言之，Web2.0 指的是可读写型互联网。此前的互联网形态，即 Web1.0 只允许用户浏览已有的页面信息，是只读型互联网，其代表有雅虎（Yahoo!）等门户网站。

而后出现的是以用户所发布信息为基础的社交平台。此类平台通称为 SNS，以博客、推特（Twitter）、脸书（Facebook）、

YouTube 为代表。此时，互联网上的信息实现了双向联通，SNS 等可读写型互联网就是 Web2.0。

在这一时期，智能掌上设备的普及适逢其时。智能手机几乎是人手一部，提供新的服务变得如此简单，只需开发新的手机应用即可。毫无疑问，智能手机在 SNS 等社交平台的普及中扮演了重要角色。

在维护互联网平台运行的各类工具中"云计算"厥功至伟。在"云计算"出现之前，若计划开启一项新的互联网服务，在软硬件上高昂的初期投入就不可忽视。随着计量收费的"云计算"获得普及，软硬件开支上的负担将大幅减少。

如此，世界迎来了巨变。若离开 SNS 或科技巨头的服务，人们甚至难以开口讨论所处的社会及周遭的日常生活。同样，Web3 也具有相似的影响力。

🌐 去中心化的终点是 Web3，而非 Web3.0

Web3 与 Web3.0 看起来相似，但 Web3 并非指 Web2.0 升级强化后的阶段，二者是不同的概念。

夏明·沃什姆吉尔（Shermin Voshmgir）的著作《通证经济：Web3 如何再造互联网》（*Token Economy: How the Web3 reinvents the Internet*）是理解该问题的一个切入点。该书可谓是现阶段理解 Web3 的最佳读物。这里稍微一提，该书在

GitHub 平台全文免费公开。GitHub 是一个 "CC 协议（知识共享许可协议）" 授权的源代码托管平台。

《通证经济》把互联网的发展历程分为 Web1、Web2 及 Web3 三个阶段，而非 Web1.0、Web2.0 和 Web3.0。Web1 是指简单的目录式、论坛式的互联网形态，Web2 则是指提供 SNS、电子商务及搜索引擎等服务的互联网形态。该书将亚马逊与谷歌归为提供 Web2 服务的公司。

书中还指出，Web2 与 Web3 的本质区别在于是否去中心化——二者最大的区别在于数据使用权限在于科技巨头还是用户。Web3 是 "还权于民" 的新范式。

有别于 20 世纪末已经提出的 Web3.0 概念，很多人认为现代意义的 Web3 概念于 2014 年首次提出。故事还要从当年的一篇博文说起。区块链平台以太坊（Ethereum，ETH）的数字货币以太币（Ether）是一种数字加密资产。其创始人加文·伍德（Gavin Wood）在自己的博客中发表了一篇有关 Web3.0 的博文。

在 2014 年的这篇博文中首次出现了现代意义的 Web3 概念。虽然作者的用词依然是 Web3.0 而非 Web3，其定义也与本书所说的 Web3 存在些许不同，但已显然不同于 20 世纪提出的 Web3.0 概念（图 1-1）。

关于 Web3.0 与 Web3 的差异，稍微有些复杂，下面我们来进行说明。如今，日本政府在《经济财政运营及改革基本

图 1-1　Web1.0、Web2.0、Web3.0 的区别

方针》中的用语是 Web3.0，其语义与本书所说的 Web3 相同，与 20 世纪就已存在的 Web3.0 含义完全不同。

早在 1998 年，互联网教父英国计算机科学家蒂姆·伯纳斯·李（Tim Berners Lee）就提出了语义网（Semantic Web）概念。语义网是一种知识表达模式，它通过为网页中字符串赋予更多的信息，使之易于被计算机理解，以此提高不同设备间的访问效率。基于语义网的互联网形式被其称为 Web3.0。

如今，人们口中的 Web3 与以语义网为基础的 Web3.0 含义不同。为了避免混乱，本书使用 Web3 一词，而非 Web3.0。

🌐 正确记录数据且无须管理员

有观点认为 Web3 就是区块链或区块链相关服务的总称。但正如前文所述，Web3 的特征在于以去中心化的架构打破平台垄断，从而塑造一种全新的互联网范式，其本质是一种价值观的转变。在美国的 Web3 支持者当中，这种看法也成了主流。毋庸置疑，在 Web3 的技术中区块链所发挥的作用不容小觑。

最初区块链是为实现资产加密而开发的关键技术。该技术通过互联网共享账本记录（Distributed Ledger Technology, DLT）与若干用户同步信息，以此保障数据不被恶意篡改。因保存在区块链中的数据十分安全，因而该项技术开始应用于多种新兴的互联网服务，如加密资产、无第三方信用机构介入的"智能合约"、实现天价数字艺术品交易的"NFT"等。

若想以现行的机制来管理这些数据，则需要某种垄断形式的管理系统。而使用区块链的话，即使没有大型互联网企业或公共管理系统，人们依然可以准确无误地记录数据。

区块链的特征就在于此：不需要管理员，能及时更新，难以恶意篡改，总能保证数据真实可靠。因而也有评价指出"区块链是不亚于互联网的发明"。

2010 年以后，区块链技术逐渐引起人们的注意。2014 年之前人们仅关心这一技术在加密资产及相关服务中的应用前景，而此后人们开始讨论如何在加密资产之外的领域运用区块链技术。紧随其后于 2015 年，基于 Web3 深度定制的以太坊试用版就问世了。

就在这个时期，基于区块链技术建立去中心化社会的尝试就已经开始了。但是此时的尝试多停留在理论建设阶段，难以成为社会的主流意见。为什么在 Web3 概念出现之时，互联网的理想主义再度获得关注呢？

⬛ 对于美国科技巨头的批判

Web3 备受瞩目的原因之一在于全社会都警惕科技巨头的独大。2021 年 11 月，美国《华盛顿邮报》联合多家媒体对 1000 名网络用户进行了一项有趣的调查。

调查问卷中有这样一个问题：

"您是否相信互联网服务中个人信息的使用符合规范？"

调查结果表明，认为脸书、抖音国际版（TikTok）、"照片墙"（Instagram）等 SNS 平台"完全不可信"或"不太可信"的用户远远超过认为他们"非常可信"的用户。特别是认为脸书"非常可信"的用户仅占 20%，而回答"完全不可信"或"不太可信"的用户竟达到 72%。另外，认为亚马逊和苹果（Apple）公司"可信"和"不可信"的用户差不多各占一半。

科技巨头手中掌握的不仅有用户的购物清单，还有用户的隐私信息（如用户的兴趣与嗜好等），即便用户不曾透露给平台，只要平台能收集到足够的用户操作记录，并通过 AI 技术进行分析的话，依然可以进行较为准确的预测。

同时，资金向 Web2.0 的互联网公司集中，并最终带来财富分配不均等问题，这加剧了社会对于科技巨头的担忧。有观点指出，科技巨头的不义之财源自对用户隐私的侵犯。

有人认为，与美国相比，日本经济长年处于低迷状态。但是这种观点过于片面。国光宏尚所著的《元宇宙与 Web3》对此进行了如下分析。体现美国 500 家大型企业股价的是标普 500（S&P 500），与之相对的是日本的东证指数（Tokyo Stock Price Index, TOPIX）。若对比标普 500 指数与东证指数，确实前者的涨幅比较明显。但若是去掉谷歌、苹果、元宇宙、亚马逊、微软（Microsoft）5 家科技巨头再进行比较，日美两国股票指数的走势却基本相同。特别是在 2007 年之后，只有这 5 家公司的股价呈现出了显著的增长。

个人资产的变化趋势也是一样的。根据福布斯富豪榜的信息，截至 2022 年 7 月 24 日，世界首富是坐拥 2534 亿美元资产的埃隆·马斯克（Elon Musk）。榜单上第三名是坐拥 1481 亿美元资产的亚马逊公司创始人杰夫·贝佐斯（Jeff Bezos）。第五名是微软公司的创始人比尔·盖茨（Bill Gates），排在第六名的是甲骨文公司（Oracle）创始人拉里·埃里森（Larry Ellison），第八名与第十名分别是拉里·佩奇（Lawrence Page）与谢尔盖·布林（Sergey Brin），他们是谷歌公司的联合创始人。各大科技巨头的创始人占据了富豪榜的半壁江山。

社会对科技巨头的担忧已远超我们的预期。这种担忧最终转变成了对科技巨头独大、对互联网平台垄断的批判。正因如此，早在 2014 年 Web3 的概念就已被提出，但是诸如区块链等去中心化的尝试直至今日才进入公众视野。Web3 被作为突破现状的关键，迅速地获得了极高的关注。

🌐 用途多样的"通证"

以以太坊为核心的区块链技术迭代是 Web3 热度升高的另一个原因。

最初出现的是与数字货币一样可用于交易的通证（Token）。"Token"原意为"记号"或"令牌"，现在通常指"代币"或"加密资产"。所谓的通证交易可以理解为"我手中的 1 比特币与对方手中的 1 比特币，二者价值对等，可以互相替代"。

因此，区块链最初的用途就是交易通证，即交易加密货币。在早期的互联网文章中，通证往往被直接译为"加密货币"，这是因为在那时除加密货币外，通证还不具备其他的功能。

随后登场的是 NFT。这一技术因应用于天价数字艺术品交易而名声大噪，近年来人们对于该技术的关注度也越来越高。NFT 即指不可替代的通证。所谓的不可替代可以理解为"我所拥有的画作价值 1 比特币，而对方所拥有的画作也值 1 比特币，二者等价。但因二者是完全不同的画作，无法互相替代"。

NFT 可视为电子数据的鉴定证书，它能将艺术品的所有者信息记录在区块链上，他人无法篡改。将数字艺术品上传到区块链上之后，这个艺术品本身就可以视为一个 NFT。

如此一来，通证就拥有了加密货币以外的功能，因此现在通证指的是加密资产。

今后值得关注的一类通证是"SBT"。SBT 是"Soulbound Tokens"的缩写，译为"灵魂绑定通证"，指不可让渡的通证。不可让渡即意味着"该通证只有在所有者手中才有效"。对此我们将在后文进行详细叙述。

Web3 的发展是从平台垄断到去中心化的过程。下面我们具体地探讨一下互联网去中心化的实现路径与技术条件。

⊕　应对社会问题的新组织架构——DAO

在 Web3 中，DAO 具有重大意义。以太坊创始人及 Web3 的意见领袖维塔利克·布特林（Vitalik Buterin）在其论文《去中性化社会》（*Decentralized Society*）中指出：在因共同目标而形成的互联网社区中，社区运营相关的票决结果可以遵循预先记录于区块链的智能契约得以执行，而以这种智能契约为基础的自治组织就是 DAO。

也就是说，DAO 与以往的社会组织或由同好构成的社区有所不同，它是以 Web3 技术为基础，为了推进某一项目而形成的集团。因为是在线上构建组织，其行动自然不受物理上的限制。

　　每个 DAO 都有权发行通证，特定的通证仅可在该组织内流通。获得特定的通证之后，就可以加入相应的 DAO。一部分组织的通证无法兑换为法定货币，但是若想获得通证，则通常需要支付一定费用来购买。有一部分人购买通证是为了加入与自己志趣相投的组织，也有人购买通证是为了成为初创公司的投资人。

　　DAO 通过线上的协商推进项目执行，所有的通证持有者都有权参加网络会议。通常是根据用户在 DAO 中的活跃度及贡献度授予通证，以此作为激励。

　　目前，许多 DAO 使用美国的聊天软件 Discord 进行线上协商。Discord 是能提供视频通话及文本传输的聊天软件，原本是专为互联网游戏玩家开发的，现已经获得了许多领域用户的青睐。

　　因为 DAO 不同于传统的公司，所以不需要注册公司时所需的如登记、章程制定等一系列手续。在做决定时也没有必要凡事一一向董事会请示。每个参加 DAO 的用户都是独立的主体，不存在管理者和受雇者之类的上下级关系。各种议案可以通过讨论和投票做出决定，每位用户发挥特长为组织做贡献，并获得相应的通证作为激励。DAO 不同于逐利的企业经营逻辑，若能顺利发展，或将成为推动世界变革的原动力。

世界上第一个 DAO 成立于 2016 年。它是由德国的初创公司 Slock.it 发起的，名称就叫作"The DAO"，使用了以太坊的技术。虽然 The DAO 也曾因以太网技术的缺陷发生过巨额的资产流失事件，不过如今已经没人再讨论该事件了。

与此同时，Web3 的拥趸对 DAO 的发展前景充满信心。Deep DAO 是一个专门统计 DAO 的网站。按照该网站的记录，截至 2022 年 7 月，全球的各类 DAO 超过 4800 个。

在日本境内也出现了 DAO 的应用案例。

2022 年 6 月，岩手县紫波町发布了"Web3 城市声明"。约 3.3 万人的紫波町因致力于数字化的城市建设而远近闻名。

紫波町认为，区域的经济振兴需要依靠大量优秀人才的参与，Web3 的技术是理想的催化剂。

当地采用了一些具体的举措，如设立 DAO 以解决当地社会问题，运用 Web3 技术发行新型区域货币，征集数字艺术品作为缴纳故乡税（故乡税是一种振兴地方经济的捐款抵税制度）的谢礼并对数字艺术品进行 NFT 映射，招商引资积极推进 Web3 相关企业入驻等。

除了紫波町的区域振兴，其他目标都可以设立 DAO 予以应对。组建 DAO 之后需要关心的问题是有多少志同道合的伙伴愿意加入，以及如何活用通证促进活动的展开等。通证可以作为成员间的纽带，它与以往的会员制度或社交平台等各种形态的社区形式不同，有助于扩大活动的规模。

今后，DAO 可能会设立为法人，而非公司。在美国的科罗拉多州和怀俄明州，DAO 已被赋予了成为法人的资格。

🌐 从医疗、教育到碳信用，NFT 所面对的课题

人们看到了天价数字艺术品交易，因而将 NFT 视为新的投机对象。其本质并非如此。NFT 是证明数据是原件而非拷贝的证明，是数字文件的鉴定书，是数据所有者的身份凭证。

在加密资产中用到的是可分割可交换的通证，而 NFT 则不然。每一个 NFT 都被赋予了独立的通证 ID，其中主要信息包括生成日期、历代所有者等。

NFT 的热潮出现于 2021 年，而它早在 2017 年就已经问世了。

现在许多 NFT 都使用以太坊的平台。其中无一例外都采用了为以太坊量身定制的"ERC721"技术规格。以太坊有一项名为"智能契约"的功能。所谓智能契约是一套按照预定规则，以区块链内已有交易记录或导入区块链的信息为基础运行的程序。它可被看作一种计算机协议，用于保障电子合同顺利验证、执行、实施及交涉。至于近期热度高涨的 NFT，则被用于计算每次数字艺术品成功交易之后应支付给创作者的报酬。

今后，NFT 可能会在意想不到的领域引发变革。举个身

边的例子。

在某些领域中，平台需要收集用户个人隐私以验证程序运行的效果。为了方便理解，这里以患者病历等个人医疗记录为例进行说明。医疗记录是极其敏感的个人隐私，无论谁都不希望平台任意地使用这些数据。但是若医疗记录被用于大数据分析，将有助于科学量化医疗服务的效能。

在当今的互联网条件下，若想对医疗服务进行分析，唯一可行方案就是将相关的个人医疗健康数据交给特定机构，委托其进行分析。如此一来我们就需要深入地去了解该机构的信誉、透明度、问责机制等方方面面，这无疑将提高工作的难度和成本。

此时若能使用 NFT 的话，情况会有何不同呢？实际上美国学术刊物《科学》（*Science*）上刊载的论文《论 NFT 将为个人医疗健康数据交易平台带来的变革》（*How NFTs Could Transform Health Information Exchange*）已对此课题进行了深入分析。该论文指出，NFT 及相关技术能帮助患者自主决定如何使用个人健康数据。其中不可让渡通证（Soul Bound Token,SBT）或将发挥巨大作用。

在现实生活中已出现了活用 Web3 解决社会问题的实践。

例如，在美国有一个碳信用交易平台 Nori 对接农户与企业——农户管理和维护的农地吸收二氧化碳，而企业向其认购碳信用以实现削减二氧化碳的目的。

关于 Nori 的内容我们将放在本书第 2 部分进行详细说明。简而言之，Nori 的交易平台利用区块链技术，在交易过程中折算碳抵消效益，使用名为 "NRT（Nori Carbon Removal Tonne）"的 NFT 发行碳信用。交易的全过程不需要特定的第三方公正，记录于 NRT 的元数据能确保碳排放权交易过程的唯一、准确和透明。在 NRT 中记录了各农户每一年消减二氧化碳的工作量数据，在企业认购碳信用之后对应的 NRT 随即被抹去，无法反复出售。平台还发行了可替代通证 "NORI"，可与 NRT 进行等价交换，这使货币认购成为可能。

能用于证明身份、学历、资历、劳动技能的 SBT

SBT 是非让渡性通证的一种。在 2022 年 5 月发表的《去中心化社会：找寻 Web3 的灵魂》（*Decentralized Society: Finding Web3's Soul*）一文中有关于它的详细描述。参考该文观点，下面简单介绍一下这个 SBT。

SBT 使用区块链技术来证明事物与所有者的关系，其特点在于 SBT 中还可以记录历任经手者的信息。如果 SBT 得到普及，用户不需要管理员介入就可以对多种信息进行认证。

纳入认证范围的有当事人的学历、工作资历、劳动技能等信息。例如，毕业证、机动车驾驶证、职业技术证明、工作证及在职证明、论文、博文、艺术作品，甚至粉丝俱乐部的会员证等都可以 SBT 化。他人的毕业证终归不是自己的毕业证，无法用于证明自己的学历。这就是 SBT 与 NFT 的差别。

有一款名为"Soul"的应用，用于整理记录用户特征的SBT，可以视为专门存放 SBT 的卡包。

Soul 账户中的 SBT 是对所有人可见的。其中包括他人或机构授予的证明资料，如毕业证、机动车驾驶证、工作证等。随着 Soul 账户中保存的 SBT 种类增加，个人在互联网上的真实信息也就更完整。用户可以自行设定 Soul 账户中 SBT 的公开范围。如此一来，按信息分组设定公开范围，就可以塑造多种人设。

SBT 的授予者或机构也能够使用 Soul 账户来整理记录自身信息的 SBT。相互联系的 Soul 账户拥有相同的 SBT，即便其中一方的 SBT 被误删，我们也可以基于另一方的 SBT 进行恢复。另外，即使 Soul 账户被盗，我们也只需要从有关联的其他 Soul 账户恢复相应的 SBT，就能找回被盗的 Soul 账户。

⊕ 以元宇宙技术解决社会问题

若提及 Web3，元宇宙就是个绕不开的话题。元宇宙即虚拟世界。我们应该如何认知这个新鲜事物呢？现在关于它有两个容易混淆的定义。

第一个定义认为元宇宙是将现实的三维空间数字化创造出的虚拟现实。这就要求元宇宙必须是三维的，用户能穿戴VR（Virtual Reality，虚拟现实）设备体验数字世界的沉浸感。

就在这个以现实世界为原型的虚拟世界中，元宇宙技术大有可为。德国的大型车企宝马（BMW）在美国半导体巨头英伟达（NVIDIA）的技术协助之下，将旗下工厂和员工全部数字化，联手打造了虚拟数字工厂。数字工厂展现了元宇宙的概念，细致地模拟了新的作业流程及发生生产事故时的情况。

制造企业的工厂往往遍布全球，然而往每个工厂派遣专业的管理人员却难以实现。同时，随着生产工艺愈发复杂，技术传承难的问题也日益严峻。面对上述种种难题，为了连接现实与虚拟两个世界，许多大型公司选择主动拥抱 AI 及元宇宙技术。

关于元宇宙的另一个定义是指与线下的世界彻底割裂，仅存在于线上的世界。按此定义，元宇宙不再必须是三维空间，而是构筑于加密资产、区块链、NFT 等 Web3 相关技术之上的虚拟空间。

上述的两个定义中，前者强调虚拟世界中的三维空间，后者强调 NFT 等 Web3 的技术应用。实际上即使是在强调三维空间的第一种元宇宙中，一部分虚拟空间的所有权和角色形象也频繁地被 NFT 化并用于交易。这就导致人们容易将强调 Web3 技术运用的第二种元宇宙与前者混淆。实际上两种元宇宙指的是不同的事物。NFT 等 Web3 技术在前者中并非不可或缺的组成部分。

本文所关注的是第二个定义下的元宇宙。具体而言，后者又是怎样的一个虚拟空间呢？

例如，在结账付款时不使用法定货币，而使用比特币等加密资产进行支付。这与现实世界的交易不同，是数字加密资产交易。这就是一个元宇宙。

虽然当前现实世界中的金融交易金额依然远超加密资产交易，但是在元宇宙的加密资产交易过程中却出现了各式各样的创新。例如，DEX（Decentralized Exchange，去中心化交易所）能提供算法自动交易服务，其功能等同于现实世界中的外汇市场或证券交易所。在元宇宙中 DEX、NFT、SBT 等新技术不断涌现，这些也成了 DAO 迅速普及的土壤。

如果扩大定义范围，不用见面的远程办公也可以说是一种元宇宙。例如，现在公司开会用 Zoom 提供的网络会议功能，信息交换则通过邮件和短信进行，资料和数据全部上传到云盘共享，结算和审批也采用线上的工作流来完成。

⊕ 沃什姆吉尔："如今，互联网已折翼"

通过前文的介绍，各位读者应该对构成 Web3 的 DAO、NFT、SBT 等技术有了些许概念。

在此基础上，这一小节我们探讨一下促成互联网去中心化变革的 Web3。

《通证经济》一书作者夏明·沃什姆吉尔指出"如今，互联网已折翼"。确实，如今的用户无法按照意愿掌控自己的数据，在线支付等功能也不是互联网设计之初所能预见的。

人们在设计之初所实现的仅是互联网的最基本功能——在网络的线路或部分终端发生故障时，数据设法绕道并保证送到最终目的地。但发信者的身份却无从得知。

互联网的雏形阿帕网（Arpanet）是如今美国国防部高级研究计划局（Defense Advanced Research Projects Agency, DARPA）前身为高级研究计划局（Advanced Research Projects Agency, ARPA）于 1969 年开始研制的实验性网络。设计初衷是连接遥远的不同网络终端，以此提高电脑的利用效率。在那个时代，云计算、智能手机或个人电脑都未问世，互联网设计之初完全没预见到如今电子商务等应用场景及个人隐私管理的需求。

时间到了 20 世纪 90 年代，随着互联网的快速普及，互联网的功能也被不断挖掘出来。为了实现交流及电子商贸等功能，用户名单及交易记录等数据都不可避免地留存在互联网上。

所有互联网企业都会收集用户信息，构筑自家的数据库以提供相应的互联网服务。例如，网络会议中途离线之后还能重新登录会议页面；又如，网购时不需要一而再再而三地输入送货地址、收件人等信息。这些服务固然非常方便，但从结果而言，互联网大厂掌握了所有用户的个人信息。

若将这些用户信息"投喂"给 AI，就能创造出巨大的价值。如果充分分析用户的行为，企业就能更高效地提供商品和服务。这使精准的数字广告投放及数字推荐成为可能，电子商务的规模随之扩大，互联网企业则能获得巨额的利润。手中的用户数据，可谓是科技巨头的力量源泉。

企业通过数据分析改善用户使用体验，扩大用户群体，随之获得更多用户信息，借此进一步改善用户体验（User Experience, UX）。这就是前言提及的"AI 自主学习模型"，企业在此过程中实现了收益的增长。

⊕ 科技巨头正是 Web2.0 时代的中间商

谷歌搜索引擎就是我们身边最具代表性的 AI 自主学习模型。谷歌的 AI 通过分析检索履历了解用户的使用习惯，并呈现出最佳的搜索结果。

检索履历的数据量越庞大，AI 就越聪明，越可能提供高品质的搜索服务，继而又扩大谷歌搜索的用户数量，由此构成了一个正循环。

谷歌已经对每个单词都进行了上述的检索优化。同时，网页上的广告位也随着所检索的单词发生变化。这些广告位能给谷歌带来全球规模的巨额商业利润。

约在 25 年前，互联网刚刚普及时最时髦的话题就是"互联网将消灭中间商"。该观点认为生产端和消费端能够在互联网上直接沟通，负责中间流通环节的线下中间商将遭淘汰。

随后几年线下中间商的生意确实急转直下、大不如前。以美国的图书公司和百货公司为例，部分公司在与电商亚马逊的竞争中败下阵来，销声匿迹了。

但是线下中间商的没落，并不意味着生产端和消费端能建立起直接联系。实际上，各大互联网企业取代了线下的中间商。互联网企业与仅收取手续费的传统中间商不同。海量数据被用于训练 AI 自主学习模型，其影响之大史无前例，在不知不觉中改变了我们的互联网使用习惯。

🌐 用户可标定或将成为 Web3 的基本功能

如上所述，在 Web2.0 的时代，科技巨头垄断了互联网的方方面面。作为用户，我们已经在《服务条款》《隐私协议》等文件上签字，形式上允许了服务供应商使用自己的个人信息。然而，其中的一部分隐私信息却似乎被用在了一些说不清道不明的地方。

这些服务覆盖了日常生活的方方面面，如果拒绝互联网供应商的服务，我们的日常生活将变得举步维艰。其中几家科技巨头提供的互联网服务几乎可以视同现代社会的基础设施，用户个人数据就是享受现代基建的抵用券。

夏明·沃什姆吉尔认为构筑 Web3 能修补当今互联网的漏洞。具体来说，Web3 的倡导者认为应该在 Web3 的设计之初加入相应功能，使每位用户都可被标定。这样一来，每位用户可以自主地决定将自己的哪一部分个人信息交给谁来使用。

因每位用户都可以标定，因此所有信息的发信人都是清晰可知的。程序也允许匿名发信，此时所有收信人都清楚地知道发信人进行了匿名的操作。这可以避免在不知情的情况下个人信息泄露的问题。

好处不仅如此。该功能还可以杜绝盗版等数字作品的非法复制。我们只需要在数字作品中附上不可篡改的版权信息即可，仅有版权所有者能复制或分享该作品。

同时，由于所有用户的信息可查，假新闻的生存空间也会越来越小。收信人能自行判断发信人是否可信。与事实相悖的假新闻占据版面会严重妨碍公众做出正确判断，对社会构成巨大威胁。若能杜绝假新闻，Web3 无疑是影响深远的。如果每条信息都注明发信人，互联网上无心的冒犯和恶意的诽谤将大幅减少。

令人遗憾的是，如今 Web2.0 的互联网无法阻止有心之人冒名顶替。因而，构筑 Web3 势在必行。

直至今日，高科技行业中都不乏这样一种论断："Web3 及去中心化不过是镜中花、水中月。"但是，Web3 或许真的拥有剥去互联网中间商的能力。互联网若发生了范式转移，Web2.0 时代的获利者或将失去如今的影响力。

🌐 去中心化的服务已然萌芽

近年出现了一些使用了区块链技术的新兴互联网服务，这些全新的服务或能取代传统科技巨头提供的同类服务。

有一家名为"Casa"的公司提供了民宿的在线预订服务，是爱彼迎（Airbnb）的去中心化版。Casa 的服务不同于爱彼迎，不存在服务商牵线搭桥，房屋租户能直接与房主取得联系。

除此之外，"Afia"提供的是去中心化的医疗信息咨询服务，"Guild"是一个提供创意内容交易的去中心化平台。"Open Bazaar"是去中心化的二手交易平台，该平台宣称在买卖商品时交易的双方能直接进行交流。

创立之初，上述的服务曾乘着 Web3 架构的东风名噪一时，但是这些平台现在已经下架了相关的服务。Web3 目标远大，但是相关服务没有得到充分的开发，导致 Web3 在服务体验上全面逊色于 Web2.0。这正是其衰败的主要原因。

那么，Web3 真的只是空中楼阁吗？我们难以苟同。

初创公司的失败率较高是行业的常态。虽然失败的尝试比比皆是，但并不意味着今后没有成功的可能性。与其哀叹，不如憧憬一下 Web3 的先进性将带来的发展空间。

⊕ 能与谷歌地图媲美的 Web3 地图应用程序

在如今的 Web3 浪潮之中，出现了许多全新的去中心化服务。有一些服务是只能在 Web3 架构下才能实现的。其中，美国硅谷的蜂箱地图（HivemApper）最为引人关注。

蜂箱地图是一家初创公司，提供去中心化的数字地图服务。在这个领域里，谷歌地图（Google Map）是当之无愧的王者。若想要提供媲美谷歌地图的服务，蜂箱地图必须攻克诸多难题。

首要任务是从世界各地收集地图数据。其主要对手谷歌地图不仅积极维护数字地图服务，同时也推出了街景地图的服务。除卫星地图服务之外，搭载着 360 度全景相机的汽车穿梭于世界各地的大街小巷，持续更新街景地图。其核心的导航功能也不断获得强化。如果搜索附近的餐厅，还可以看到餐厅的外观、菜单及顾客评论。此外，谷歌地图还提供公共交通的换乘指南，并提供当前城市交通的路况信息。

用于处理地图信息的 AI 也是越来越高效。大量的用户将产生大量的数据，随即 AI 就变得更聪明、更易用。通过分析检索记录，AI 可以了解用户对什么感兴趣，进而掌握用户的需求。这样聪明且易用的服务将吸引来更多的用户，继而收集更多的数据，AI 则变得更加聪明。正因为采用了 AI 自主学习模型，谷歌地图的地名检索功能比其他的软件都更加准确易用。

谷歌地图无疑是行业翘楚。对提供数字地图服务的公司而言，在行业内谷歌地图舍我其谁。以往也曾有公司提供开源的数字地图服务，但因难敌谷歌地图，都不了了之了。

即使是财力比肩谷歌的其他美国科技巨头也再难以拿出能媲美谷歌地图的产品。例如，若干年前就内置于苹果 iOS 系统的地图应用程序并没能掀起任何波澜。

🌐 以加密资产激励地图制作者

蜂箱地图与以往的开源地图公司不同，因其采用了 Web3 的架构使之拥有了与谷歌地图的一战之力，因而备受瞩目（图 1–2）。

其具体办法是发放通证来激励参与制作地图的用户。该公司计划发售一款价值数百美元的行车记录仪，用户将其安装于汽车的仪表盘上方，上传行车录像就可以获得相应数量的通证。

在执行的过程中，若用户上传了人口稀疏地区及旧城区改建区域的行车录像，则将能获得更多的通证。以往的开源地图公司往往依靠用户的善意和热情收集数字地图所需信息。蜂箱地图计划利用通证这一奖金激励机制，避免重蹈覆辙。

投资市场也开始关注蜂箱地图。该公司于 2022 年 4 月获

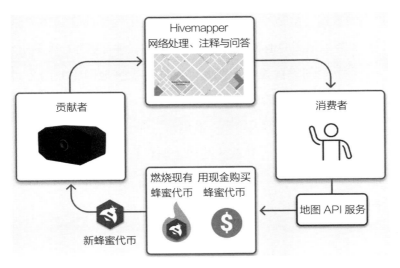

图 1-2　蜂箱地图的环保架构

资料来源：蜂箱地图官方网页。

得了风险投资公司 1800 万美元的投资。投资者中也包含了一些在 Web2.0 时代因投资成功而获利的知名风投公司。

　　投资者看重的大概是蜂箱地图的激励机制。利用通证这一激励机制，获得更多用户，扩大影响力，Web3 的这一游戏规则大受好评。也许不用几年，蜂箱地图或能与谷歌地图分庭抗礼。

⊞ 以太坊创始人眼中的 Web3

　　今后 Web3 架构下的世界将会是怎样一番景象呢？我们可以参考 Web3 意见领袖、以太坊创始人维塔利克·布特林

（Vitalik Buterin）最近的一次演讲内容。

维塔利克·布特林认为，Web3 相关技术可以带来所谓的"宽带民主主义"。他认为当今世界的民主是"窄带民主主义"。

例如，美国每隔四年才能进行一次总统大选。这意味着，美国公民每隔四年才能直接参与政治一次。在平时，民主监督的渠道受阻，上下层所能交换的信息量有限，类似于互联网的窄带低速通信状态。

若民主的程度反映为投票表决的频率的话，那么在各大社交平台上对各种议题"点赞"及"转载"等的操作频率极高，这也就是一种宽带民主。但是这带来了可靠性上的问题。如果有好事之徒运用机器人来点赞和转载，就能简单地操纵民意的走向，左右选举的结果。另外，在社交平台上采用人海战术、好评返现等来刷单的现象也真实存在。

但是，如果运用区块链相关的新技术，人们就不用担心有心之人在具体议案上带节奏了。

若当权者和选民之间的交流频繁且顺畅，则可以大幅提高交流的信息量，宽带民主主义就有望实现。

🌐 加密及零知识证明，在区块链技术背景下实现公平选举

这一节我们来谈谈安全实现宽带民主主义的技术方法。

维塔利克·布特林认为，要实现这一点，需要三项关键技术：其一是防止选票内容外泄的加密技术，其二是正确统计秘密选举结果的"零知识证明（Zero-Knowledge Proof）"技术，其三是确保选票内容无法篡改的区块链相关技术。

此三项中，加密技术的必要性毋庸赘述，而区块链的相关技术我们在前文也进行了详细说明。

这里介绍一下所谓的零知识证明。零知识证明是用于"证明某一事实而不泄露任何相关信息"的方法。维塔利克·布特林指出，隐私是社会运转过程中不可或缺的部分。其中的一个例子就是秘密选举。如果选票内容无人可知，选民就都能遵从心意投出自己的一票，而有权有势之人也就无法左右选举结果。

维塔利克·布特林在演讲中直言："在座的哪一位，请开发一个使用零知识证明的投票系统吧。"在演讲中他还表示，如果使用零知识证明，就能保证选民都是货真价实的集团成员，从而排除机器人做票的风险。

零知识证明还可以作为智能契约上传至区块链。个人用户可以凭此记录自身的位置信息、交易记录等个人隐私，企业则可凭此保存经营数据而不需要向竞争对手等任何第三方公开商业机密。如此一来，企业就能利用区块链技术，在确保可信度和透明度的同时保守秘密。

🌐 Web3 的范式转移或波及全社会

Web3 所带来的范式转移，并不仅局限于互联网技术领域，我们更应该关注其对社会价值观所造成的冲击。有观点认为，Web3 在思想上承继美国 20 世纪 60 年代反主流文化的"嬉皮士"运动。

所谓的反主流文化是指人们对当时主流的生活方式、固有价值观的反叛。反主流文化一词一旦加上了"20 世纪 60 年代"这个定语，马上就令人联想到反越战、同性恋平权、环境保护、反消费主义等的社会运动。当时社会物质极大丰富，但是依然存在无法解决的社会问题。嬉皮士文化就是对这种社会现实的反叛。

当时的部分主张有其时代局限性，自然难以令人信服。但是毋庸置疑的是，20 世纪 60 年代的嬉皮士文化是对"国家强权"的反叛。那么，我们可以将 Web3 视为对"科技巨头强权"的反叛。嬉皮士文化与 Web3 二者的共同点在于"精神的满足重于物质的丰富"。

归根结底二者都不否定物质的丰富，而是主张"抑制强权的贪婪"。这样的价值观变化出现在社会的各行各业中。

随着 Web3 等技术的发展，人们的价值观有可能进一步从"抑制强权的贪婪"发展为"利用科学技术趋利避害"。变化并不仅仅体现为互联网上冒出的"去中心化"讨论，更有可能波及社会的方方面面。

前文提到的以太坊创始人维塔利克·布特林曾表示："最好不要急于求成地将这项新技术运用于改革国家和政府。我们不应该花精力对现存的事物进行数字加密，而应该另起炉灶，创造具有新功能的新生事物。敢为天下先的努力对全人类而言更有价值。"

维塔利克·布特林还指出，如果采用安全且能频繁交换意见的机制，自然会出现形式多样的经营与管理方法。如果致力于此并取得成绩的话，至今为止积重难返的老办法自然会跟着改弦易辙。

第 2 章 _ □ ☒

Web3 时代必备的 AI 自主学习模型及数据的价值化

Web3 相关的技术及价值观革新势不可挡。通过前面的介绍，各位读者应该能够认同 Web3 的重要性与发展前景吧。

从这章开始，我们介绍一下 Web3 时代愈发重要的 AI 和 DX。实际上，AI 先于互联网于 20 世纪 50 年代就已经问世并进化至今，其发展过程既有高潮也有低谷。直至 21 世纪 10 年代，Web2.0 结合机器学习、深度学习等技术，才给社会带来了巨大的变革。

许多 21 世纪初的科技概念，而今已经成了实用的技术。如识别图片照片内容的图像识别技术，使人机语音成为现实的语音识别技术，解析编译自然语言并生成文章的文字处理技术等。自动驾驶技术在世纪之交更是梦幻泡影，而 2012 年兴起的深度学习打破了技术的壁垒，使科幻成了现实。

AI 已经在我们不曾设想的领域为现代化生活做出了巨大的贡献。新型冠状病毒感染疫情肆虐的当下，我们也能看到人

们利用 AI，为恢复往日生活节奏所做出的种种努力。

没有人能否认抗击疫情工作之中疫苗所发挥的巨大作用。在新型冠状病毒肆虐全球之时，疫苗的开发进度不尽如人意，人们望眼欲穿。但是纵观人类疫苗开发的历史，新冠病毒疫苗的开发进度则可谓是日行千里。

通常一款疫苗的开发需要经历以下四个阶段：①病毒的蛋白质测序；②绘制病毒蛋白质的折叠结构；③定位病毒蛋白质结构中的靶点；④合成靶向 RNA 小分子阻断病毒的复制。

上述四个阶段中，AI 在预测蛋白质折叠结构方面发挥了巨大作用。此前的研究人员只能反复试错并凭借多年经验及反复试错推测出蛋白质的折叠结构，因此在这一阶段往往要花费数年时间。

来自英国 DeepMind 公司的 AI 程序 AlphaGo 曾因击败围棋世界冠军而名扬天下。疫情期间该公司推出的 AI 程序 AlphaFold2 则被运用于疫苗开发工作。它凭借超高算力反复试错并从中学习快速迭代，以极短的时间预测并绘制病毒蛋白质的折叠结构，由此疫苗开发工作发生了巨大变革。历任苹果、微软、谷歌三大科技公司要职的 AI 专家李开复在其所著的《AI 2041》中不吝对 AlphaFold2 的赞誉，认为它是"目前 AI 在科学领域最伟大的成就，解决了困扰生物学界 50 年之久的巨大挑战"。

在第 1 章中我们提到，在 Web2.0 时代美国的科技巨头之所以能开疆拓土，正是因为使用 AI 分析用户交互数据，在 AI

自主学习模型的牵引之下，获得了迅猛发展，影响力遍及全球。又如上文所介绍的疫苗开发工作，整体而言 AI 是功大于过。

与美国的模式不同，日本企业的强项在于规模化生产，通过分割任务、标准化生产并反复优化，以扩大利润。规模化生产的模式适用于绝大多数的企业。但是如果生产规模达到上限的话，利润的增长也会随之放缓。如果迷信规模化生产，即便采用了 AI 辅助生产，也难以利用 AI 自主学习模型获得额外利润。

曾经无往不利的标准化、规模化生产已经成为过时的观念，在当今的全球化世界中难以确保经济的增长。事实上，也正因于此，日本的经济长期低迷，所谓的"失去的 10 年"成了"失去的 20 年"，至今已经是"失去的 30 年"。

面对 Web3 为代表的新时代，日本的企业应该打破陈规旧习，拥抱 AI 技术。

🌐 风口上的 AI 自主学习模型如何为我所用

在思考 DX 这一课题时，AI 创富的模式是不容忽视的一股力量。前文中所介绍的 AI 自主学习模型就是这样的力量。

如果一家企业提供的商品或服务为用户提供了便利，那么它就能获得更多用户。随着用户的增加，数据也随之增加，进而 AI 就能变得更智能。若这个正循环通畅无阻，就能获得巨额的商业利益（图 2-1）。

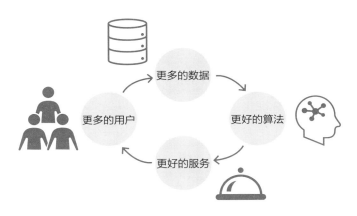

图 2-1 AI 自主学习模型的正循环

资料来源：作者基于《Competing in the Age of AI》作图。

　　与此同时，因为 AI 并不会抱怨和抗议，所以人们可以差遣它全年 365 天、全天 24 小时工作来优化算法，也可以让 AI 去分析用户的需求，逐一为用户提供定制服务。这种经营模式与日本企业所擅长的规模化生产模式的游戏规则截然不同，能够创造巨额利润。若能实现上述的变革，DX 才算初见成效。

　　想要假借 AI 自主学习模型之力的，并不仅有亚马逊或谷歌这样的科技巨头。

　　爱克萨科技（ExaWizards）很早就意识到了 AI 所蕴含的巨大潜力。最为重要的是数据。我们在为用户定制 AI 解决方案的同时，准备了多套算法，提供通用的软件即服务（Software as a Service, SaaS），协助用户运用 AI 实现 DX。

　　服务是通用化的，因此可以提供给更多的用户来使用，

获取的数据能训练 AI 的算法，进一步提高服务品质，进而形成正循环。另外，我们也为大和运输（Yamato Transport）等日本本土企业提供基于 AI 自主学习模型的深度技术支持，着力解决一些陈年问题。这些我们放在后文详细介绍。

⊕ 实现"炒锅曲线"的指数级增长

AI 自主学习模型有何价值？切实实现 DX 的话又能带来什么样的变化呢？在这里我们简单介绍一下。

截至 2022 年，日本企业的 AI 运用水平如何呢？我们常在媒体上看到诸如《某企业采用 AI 辅助生产实现了数字化革命》的报道，也有一些读者并不认同 AI 能帮助日本企业获得可观收益的说法。

但可以断言的是，在媒体所报道的绝大多数企业中，AI 都是大材小用，结果总是差强人意。这里虚构一间居酒屋作为例子，进行说明。

有一位能干的老板在东京都的新宿西口开了一间居酒屋。店里提供的海鲜和清酒品种丰富，备受好评，一号店生意兴隆。受此激励，这位老板在新宿的东口开了二号店，为此老板不得不每日往来于两间店铺。虽然有点忙碌，但是营业额也随之翻了一番。只要稍微忙一点，营业额就能翻倍，这是因为生产效率提高了。

老板心情大好，马上在新宿的歌舞伎町开了三号店。虽然工作比以往更忙，但是收入也同比增加了。接下来，老板在东京的涉谷开了四号店。但是，每日往返于新宿与涉谷让人精疲力竭，于是老板将涉谷分店交给了部下打理。这位部下兢兢业业，但不如老板能干，店铺的营业额增长速度不如预期。随后，池袋、上野的分店也陆续开张，但是营业额的增长速度依然是大不如前。

老板认真分析了问题原因，决定应用互联网技术，在自己的电脑上统计各家分店的销售额、进货量、顾客人数等数据。店内还增设了最新的智能摄像头，用于掌握店内的顾客人数、性别等信息。

同时，老板修改了店铺菜单，按照顾客用餐高峰安排员工轮班表，从此每家店铺都各有特色，顾客人数和满意度都大幅提高了。不出意料地，各店铺的营业额也较之前有所增长。电视台听闻这位老板的事迹派出记者上门采访。老板得意扬扬地向记者夸耀："我们的店铺用上了最新的 AI 科技，实现了数字化转型。"

这位老板确实应用 AI 技术提高了店铺经营效率并获得了成功，但是老板口中的"数字化转型"并非我们所设想的 DX。在这个案例中，经营者通过提高经营效率从而提高了产出，进而改善了业绩。但是这种提质增效的努力很快就会迎来边界效应，届时能获得的收益会越来越少。

这种问题不仅仅出现在居酒屋的经营过程中。除了直接接待顾客的店铺，诸如工厂、办公室、社会福利设施，类似的情况不胜枚举。

我们参照图 2-2 进行说明。居酒屋老板应用互联网技术和电脑统计手段前的成长趋势是⓪号曲线。这种对数增长曲线呈现在图 2-2 中，就像是一口倒扣着的炒锅，我们把它叫作"倒扣炒锅曲线"。该曲线说明：随着生产复杂度和从业人员人数的增加，经营规模也不断扩大，但是随之产生的利润却不断减

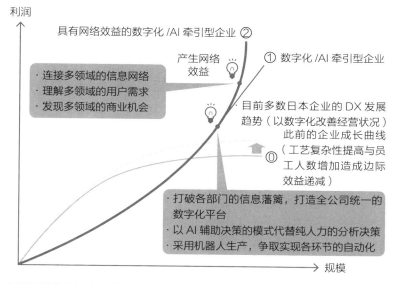

如果不能有效地应用数据仅依赖人力扩大生产，产业规模与经营获益都难以提高。但是灵活运用公司内的多套网络，经营效率则能不断增长。例如，②号的指数增长型曲线，依其形状，本书将其命名为"炒锅曲线"。

图 2-2 通过 AI 提质增效获得利润

资料来源：基于《Competing in the Age of AI》作图。

少。这正是采用规模化生产所呈现的成长曲线。

为了提质增效而采用计算机、互联网、智能摄像头等硬件设施之后，能稍微提高增长效率，在图 2-2 中看就是比"倒扣炒锅曲线"稍高一些的虚线。许多号称经历了数字转型的日本企业，其所谓的 DX 不过是停留在了虚线所示的这个阶段而已。

若要彻底地实现 DX 目标，站上 AI 赛道的风口，身为企业应该如何自处呢？有观点认为"AI 若无数据，无异于空壳"。所有的努力始于收集数据，凭此训练 AI 以提高预测的准确度。

数据越多，AI 就越强大。包括智能摄像头等物联网（Internet of Things, IOT）设备的使用记录、数字货币的交易记录、SNS 的投稿履历，身边的一切信息都不断经历着数字化。如果能妥善处理个人隐私问题，所有的数据就都能用来训练 AI。

问题的关键在于打破企业中各部门间的"信息藩篱"。目前，在日本的企业中，数据多被闲置在了一旁。对于能够带来巨额利润的数据，企业却尚未实现集中管理。

⊕ 由规模化转向"AI 工厂"的打法升级

我们需要认识到 AI 自主学习模型并非高不可攀的技术。它并不仅是存在于谷歌等科技巨头实验室里的高岭之花。不仅如此，我们可以断言只有采用 AI 自主学习模型的企业才能获得可持续的发展。

2020 年由美国哈佛大学的马尔科·伊恩西蒂（Marco Iansiti）与卡里姆·R. 拉卡尼（Karim R. Lakhani）两位教授合著的《AI 时代的战法》（*Competing in the Age of AI*）一书将有助于我们理解 AI 与企业发展之间的关系。该书指出"企业的获利模式已经从标准化、规模化生产转型成为 AI 自主学习模型牵引的增长模式"。

下面在简要介绍书中主要观点的同时，说明一下 AI 自主学习模型何以保证企业实现 DX。

"日本为什么没有诞生谷歌或苹果那样的高科技企业？"

"曾是全球产业第一梯队的日本企业为何逐渐落寞了？"

该书的开篇就抛出了上述两个问题，并罗列出多名专家的观点和假说。若按照两位作者的分析，问题的原因在于"日本的企业没有搭上范式转换的快车"。

只有跟上这种新的范式，才能实现 DX。然而，能使企业跟上范式转换的只有 AI 自主学习模型。书中的用语并非"AI 自主学习模型"，而是"AI 工厂的良性循环"。这里的"工厂"并不是指车间或流水线，而是指以 AI 为基础的企业，因而称之为 AI 工厂。

为了实现 AI 工厂的良性循环，上至运营决策都应该由 AI 完成。换言之，在 AI 工厂的良性循环的过程中，不应有人为因素的介入。

因为 AI 代替人做决策可以省下许多犹豫不决的时间，因而良性循环的全过程都能保持高速运转。能够成功实现上述理想的企业一定可以击败谷歌或亚马逊等传统互联网企业。由此成功实现 AI 工厂良性循环的企业可以称为"AI 牵引型企业"。这种新型企业能凭借 AI 助力实现企业 DX。

如今的 AI 已经可以代替人进行决策了。例如，外卖平台优食（Uber Eats）的 AI 能高效地给送餐员派单；又如，亚马逊的 AI 能按照销量灵活调整网购平台的定价等。以往由人做出的决策，现在都可以交由 AI 来完成。由此企业才能在极短的时间同时应对海量的订单，并做出决策。

⊕ 打破信息藩篱并训练 AI

《AI 时代的战法》的两位作者在书中指出，构筑 AI 工厂的前提是打破公司内的信息藩篱（或称数据壁垒、信息孤岛）。分散储存于公司各部门中的数据长期不受重视。打破信息藩篱就是要建立公司内部统一的数字平台，否则就没有高质量的数据用于训练 AI 自主学习模型，进而 AI 的高度自主决策就仅仅是空中楼阁。

公司内保存的数据中，有几类是不能直接用于训练 AI 的。例如，以模拟信号传输的数据就是无法直接使用的，要将其数

字化后集成到一个平台再用于训练 AI。除了价值链上各生产
环节的 AI 决策，借助于数字化、机械化及机器人等手段，能
够实现自动化的行业都有望获得更高速的业绩增长。

　　我们再回看描述居酒屋营业额的图 2–2。如果有足够优质
和庞大的数据用于支撑 AI 决策的话，随着经营规模的扩大，
公司营业额也会呈指数级增长，如同①号的"炒锅曲线"。如
果再允许 AI 访问其他领域的数据库，发展出差异化的打法的
话，公司就能进一步提高利润，如同②号曲线。

　　在实际的操作过程中，要顾及个人信息保护法及个人隐
私等诸多问题。但是在理论上，若能够从本公司乃至多家公司
的若干服务项目中获取特定用户的数据，那我们就能更深入地
了解这位用户。

　　在交由 AI 做出决策的时候，最重要的一点是尽可能实现
各个环节的自动化。自动化的系统能生成准确的数字，成为数
据。随着自动化的深入，信息的藩篱逐步被打破，信息被集
成到公司统一管理的数据库，AI 的决策也将愈发快速且准确。
这整个过程都不受人为主观影响，能消除进行决策时负责人的
主观感受及主观判断产生的偏差。

　　自动化加之准确的规划能刺激业绩的增长。以制造业为
例，收集各生产环节的准确数据，运用 AI 管理供应链的作业
流程能有效控制成本，是自动化的典型运用场景。自动化的好
处远不止如此。只需要实现自动化，就能削减人工费，为企业

创造更高的利润空间。

自动化与 AI 决策带来的效益不是加法，而是乘法。这不仅能使 AI 牵引型企业实现高速成长，还使之能更好地应对各种挑战。

实现这种乘法效应的前提是灵活的组织架构。这要求公司将所有业务电子化并保存数据，运用 AI 自主决策，灵活地重组业务流程。大部分的日本企业都需要重新审视自身的工作方式、决策方式、组织架构。关于这一点，我们放在第 3 部分详细说明。

🌐 跨域运营实现超高速成长的蚂蚁金服（Ant Group Co., Ltd.）

能促成 AI 牵引型企业高速成长的乘法效应，并不仅仅是生产过程自动化和 AI 决策的专利。基于数据创造的用户价值，以及跨领域经营的网络效益也能带来乘法效应。

《AI 时代的战法》一书中所提到的蚂蚁金服就是其中的代表性案例。蚂蚁金服于 2018 年 6 月以 1500 亿美元估值成功获得 140 亿美元的融资，一度成为全球市值最高的独角兽公司（独角兽公司指估值 10 亿美元以上而未上市的公司）。该公司成立短短数年，即成了市值超越美国运通（American Express）与高盛（Goldman Sachs）二者之和的金融机构。

蚂蚁金服脱胎于支付宝，后者作为中国电商平台之首阿里巴巴的结算系统大获成功，后于 2014 年完成重组，成立蚂蚁金服。阿里巴巴是一个类似于美国亚马逊、日本乐天（Rakuten）的电商平台，从经营个人对个人（Consumer to Consumer, C2C）平台起家，类似于日本的雅虎拍卖或 Mercari（日本一家 C2C 二手交易平台）。对 C2C 而言，卖方关心买方是否按约定付款，而买方则关心商品是否符合卖方的描述，买卖双方都顾虑对方的信誉。因此，双方需要一个中介服务以确保交易的安全性，支付宝正是为了满足这种需求而生的。

支付宝先从买方收取货款，待买家收货并确认产品无故障后，再给卖方打款。这就是第三方信托。

在买卖双方聚集的交易平台上，会产生所谓的"网络效益"。简而言之，就是产品或服务随着用户人数的增加，自身价值也随之增加。如果平台上的商家增加，商品更加丰富，就能吸引到更多的消费者。同时，消费者越多，平台就能吸引来更多商家。这也是一种自主学习的成长模型（图 2–3）。

最初，支付宝只是阿里巴巴电商平台的结算系统，但它不仅仅在阿里巴巴平台内部使用，而是作为数字货币，为中国的所有商家和消费者提供服务。支付宝大获成功，成立 2 年后的 2006 年已拥有 3300 万用户，日平均交易数量 46 万笔。到了 2009 年，更是发展成为坐拥 1 亿 5 千万用户，日平均交易数量 400 万笔的巨型结算系统。在中国全面普及智能手机的

图 2-3 阿里巴巴提供的支付宝服务，获取并利用各行业的用户数据
资料来源：基于《Competing in the Age of AI》制作。

2011 年前后，许多消费者已经开始使用支付宝代替现金完成线下交易了。

当前，支付宝应用程序中上架的各种"小程序"可以提供各式各样的服务。在小程序上买咖啡、打车、交电费等操作都司空见惯。如有需要还可以用小程序挂号，甚至与朋友分摊消费的费用。给网络艺人打赏的功能更是不在话下。

这一套结算系统虽没用上 AI 自主学习模型，但在其中，网络效益发挥了重要作用，使之能够不断地自主迭代。网络效益的机制决定了，随着时间与用户的累加，对每个用户而言该项服务的价值将不断增加。这就是网络外部性。商家数量的增加提高了平台的便利性，因而吸引来了更多的消费者；消费者人数的增加又促使更多商家进驻平台。其间创造出的价值呈现出指数增长的趋势，在图上呈现为一条"炒锅曲线"。在阿里巴巴的电商平台之外，支付宝通过对外提供结算服务，拓展应用场景，从而获得了压倒性的市场优势。

自主学习的成长模型中，头部玩家的利润空间巨大。头部玩家是指率先进入某一领域，大胆投资收获客户，遵循成长模型迅速发展，并得以全身而退的公司。中国的数字货币市场中，支付宝与微信支付二分天下。后者是阿里巴巴的竞争对手科技巨头腾讯旗下的产品。

反观日本，日本国内的数字货币市场群雄割据，各立山头。在出现头部玩家之前，过多公司进入了这条赛道，没有一家能实现指数级的增长。

也有分析认为，蚂蚁金服获得成功的关键在于 2013 年推出的金融产品"余额宝"。余额宝是以支付宝账户的存款为本金的小额投资系统。它可以在手机上操作交易，并且没有最低本金额度之类的附加限制条件。该服务仅推出数日，就收到超 100 万人次的开户申请。在服务推出 5 年后的 2018 年，存款总额一度达到 270000 亿日元（约 16300 亿元人民币），一举超过美国的摩根大通（J.P.Morgan），成了全球最大的 MMF（Money Market Funds，货币市场共同基金）。

蚂蚁金服在余额宝业务之外，也逐步推出了资产管理系统、保险、信用评级等的业务。如前文所述，支付宝的服务涉及医疗卫生、交通出行、餐厅预约、网络游戏、点餐送餐等各个领域。

将这些服务所产生的数据统合整理起来，采用 AI 进行分析之后，就能准确掌握每位用户的收入状况与兴趣嗜好，因而能推出直戳用户痛点的服务。又因其中运用了 AI 自主学习模型，使其飞速成长，如此一来支付宝总能快人一步地提供便捷的服务。

基于数据创造的用户价值，以及跨域经营带来的网络效益共同触发了乘法效应，使蚂蚁金服得以实现指数级的增长。

⊕ 以 AI 决策应对新冠疫情的宜家（IKEA）

《AI 时代的战法》一书也提到了瑞典发家的家具品牌宜家（IKEA）。宜家公司通过打破信息藩篱，实现了各门店的自动化及 AI 决策，为公司带来了乘法效应。

宜家在全球拥有线下巨型卖场 400 余间，跻身全球第七大零售商。2020 年，因新冠疫情的冲击，宜家的许多门店难逃暂停营业的厄运，仅剩线上的销售渠道维持运营。面对这一变故，宜家公司决定将运营的重心转移到线上。早在疫情之前，公司就已提出了 DX 的计划。面对刻不容缓的时局，决策层决定提早执行相关改革。

在实际的执行过程中，线下门店暂停营业仅一周之后，宜家就将分散在各区域服务器中的 13 个地区性网页转移到云端统一管理。此前，全球 50 个国家和地区的区域经理要各自

决定线上商城中的商品品类、数量、定价等问题。此后，各
地之间的信息藩篱被打破了。将所有的数据统筹管理之后，AI
的预测和决策精度也获得了大幅的提升。如今，宜家又决定将
供货商的数据纳入系统管理，致力于实现供应链上的 DX。

为了进一步打破信息樊篱，公司管理层的培训也至关重
要。线下门店暂停营业三周后，宜家公司就完成了对管理岗位
所有员工的培训。商品、定价、配送等负责人能基于系统提供
的信息及 AI 的建议，迅速做出决策。

宜家的客户服务系统中也引入了 AI。AI 与门店员工筛选
线上商城中的顾客评论，有效地改善了顾客的消费体验。据
称，经历了种种改革之后，该公司的线上营收增长了 3~5 倍。
线下门店与线上商城实现了联动，二者能取长补短，共同
成长（图 2-4）。

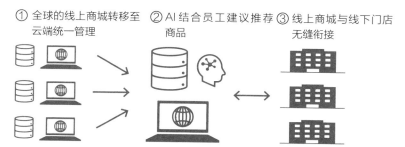

① 全球的线上商城转移至   ② AI 结合员工建议推荐   ③ 线上商城与线下门店
云端统一管理   商品   无缝衔接

图 2-4   宜家集中管理全球的线上商城数据，并用于训练 AI；公司管理层接受培
训，学习使用 AI 工具辅助决策

资料来源：基于 *Competing in the Age of AI* 制作。

宜家的改革之所以能够获得成功，正是因为实现了线上与线下的无缝衔接。宜家将线下门店与线上商城的顾客消费记录统合到了同一个系统中，为顾客提供了一体且顺滑的购物体验。

宜家的系统要应对复杂多样的顾客需求，仅凭人力是无法驾驭的。为此，该公司将线上与线下的各方数据集中起来"投喂"给 AI，并使其做出预测辅助决策，再以顾客评价来训练 AI 自主学习模型。

⊕ 日本企业引入 AI 自主学习模型的新动向

一部分日本的企业也意识到了 DX 的意义，开始积极引进 AI 自主学习模型，以求提高服务品质。日本的物流巨头大和运输公司就是其中之一。为了预测全日本约 3500 个服务网点的业务量，该公司引进了一套机器学习运维（Machine Learning Operations, MLOps）系统。

公司计划通过 MLOps 系统预测各网点的工作量，在此基础上安排员工轮班，调整车辆调度，科学配置各种公司资源，力图合理控制成本。

MLOps 是个新词，但它是一项 Web2.0 时代及当今 Web3 时代中重要的 AI 技术。下面，我们简单介绍一下这个 MLOps（图 2-5）。

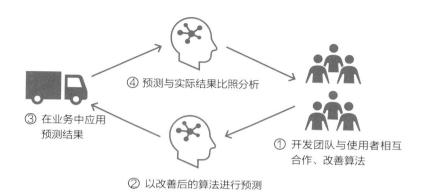

④ 预测与实际结果比照分析

③ 在业务中应用
预测结果

① 开发团队与使用者相互
合作、改善算法

② 以改善后的算法进行预测

图 2-5　大和运输公司引入了名为"MLOps"的运维方法，该方法能稳定且定
期地更新 AI 学习模型的算法。长时间以来这是科技巨头所采用的运维方法
资料来源：ExaWizards。

　　MLOps 是指在实际的生产场景中运用机器学习模型的运
维方法。在生产的过程中，机器学习模型能持续学习、高速迭
代。为了将 AI 自主学习模型嵌入生产经营的系统，MLOps 是
不可或缺的技术手段。以谷歌及微软为首的科技巨头都积极地
采用这项新技术手段。截至目前，MLOps 的践行者还主要是
从事互联网经济的大型科技公司，今后运用该技术手段的普通
企业也会越来越多。这是因为越来越多的企业意识到了新技术
的价值。为保持企业竞争力，以 AI 为首的数字技术所发挥的
作用不容小觑。

　　我们的读者中也许已经有人了解了"DevOps"。这是指软
件的开发与运营同步推进的工作流程。MLOps 则是 AI 技术加
持下的 DevOps。机器学习模型的开发与运营是互为支撑、齐

头并进的。

这就带来了三大好处。

好处一是运维的稳定性。刚开发好的机器学习模型还存在许多系统漏洞，难以直接商用。在实际的使用过程中，各类"投喂"给 AI 的数据必须经过加工，对错误文件的处理也是无法省略的工作。模型开发与运营同步推进的工作流程就可以尽可能避免传统方法的问题。

好处二是能加快模型的迭代。以往的情况下，设计团队要基于使用效果与改善意见开发 AI 模型，而后交付给客户用于辅助决策。因为积累使用数据、编写模型程序等不断重复的概念验证（Proof of Concept, PoC）工作都要依赖人力，耗时巨大，因此在这种模式下 AI 模型的迭代速度较慢。

MLOps 的开发过程通常要设定使用场景，并构筑与之相配套的运行环境。如此一来，所开发的模型及与之相关的程序都能实现高度自动化，能直接对接使用场景，加速 AI 模型的迭代也就成了顺理成章的事情。

好处三是以第二条为前提的，那就是能够"复利式"地实现效费比的优化。AI 自主学习模型若能不断迭代，带来的效益呈现为复利式增长。假设公司每个月都能实现 0.3% 的业绩改善，并能够确保每个月都按计划执行的话，1.003 × 1.003……利滚利 1 年后的增幅约为 4%，2 年后则约为 7%。再假设这是个市值上千亿日元的大型公司，7% 的增幅就意味着 70 亿日元的额外获益。如果该公司的发展步上了轨道，MLOps 在各部门的普及率不断提高的话，公司就能不断获益，实现指数级的业绩增长。

🌐 AI 优化培育条件，大幅提高农作物产量

在日本国内，大和运输对数字信息技术的开明态度人尽皆知。也许有读者会认为，AI 等新科技与自己无关，只有如大和运输公司等的大型企业才有条件在生产经营的系统中整合 AI 自主学习模型。事实并非如此。

下面是一个农业生产相关的例子。在一般观念中，第一产业与 DX 的关系甚远，而位于东京都中央区的初创公司"Plantec"计划在作物栽培过程中引入 AI 自主学习模型以实现高效率的农业生产。该公司的注册资金仅有 5000 万日元，在职员工也很少。

公司成立于 2014 年，主要为作物工厂的设计、建造、运营提供技术支持。此外，公司也从事农作物的栽培工作，但不同于常见的作物工厂，它还拥有一条测试生产线。生产线上的密封式生产装置中，温度、水、湿度、营养供给等环境变量能定时定量地精确管控，实现了加速作物成长、提高作物产量、改良作物品种等目标（图 2–6）。

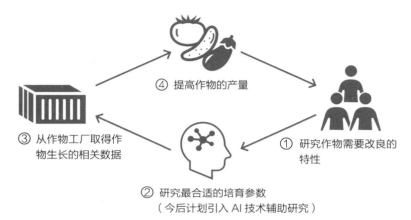

④ 提高作物的产量

③ 从作物工厂取得作
物生长的相关数据

① 研究作物需要改良的
特性

② 研究最合适的培育参数
（今后计划引入 AI 技术辅助研究）

图 2-6　Plantec 公司改善了作物的培育环境，培育出了高品质的农作物。今后
的挑战在于运用 AI 进一步优化作物的培育环境

资料来源：ExaWizards。

生产装置在设计之初就要求能精确控制内部的光照、二氧化碳浓度、肥料、风速等环境变量。为了在短时间内种出高营养价值的农作物，各项参数的配比都要反复推敲，不断改良。据悉，他们已经摸索出了理想的生菜栽培方法，旗下作物工厂中的生菜生长速度比其他作物工厂快 5 倍。如果能将生产装置垂直排布，单位面积能获得的作物产量就能够翻番。该公司通过收集作物生长数据、改良培育方法，逐步实现了业绩增长，从中又能获得更多的有效数据，在此 AI 自主学习模型就有了用武之地。

关于大和运输和 Plantec 具体是如何使用 AI 自主学习模型的，将在本书的第 2 部分详细说明。

第 3 章 　　　　　　　　　　　　　　　　　＿□ ⊠

Web3 时代的 AI 及 DX 战略

在前面的章节中，我们讨论了 Web3 技术的可能性及 AI 自主学习模型所带来的商业价值。本章我们从 DX 的角度再来探讨一下 Web3 时代下企业应该如何推进 AI 战略，如何依靠技术手段实现企业自身与全社会的变革。

这所谓的 DX 到底是什么？媒体赋予了它各种各样的含义，本书还是以日本产业经济省的定义为准。产业经济省于 2018 年发布的《数字化转型指南》对 DX 的定义如下：

DX 指企业为应对经营环境的剧变而采取的数字化转型。企业为了确保竞争优势，运用数据与数字技术，基于顾客及社会需求，革新产品、服务、经营模式的同时，改革经营业务、组织架构、作业程序，进而改造企业文化及当地风俗。

产业经济省的其他文件中还介绍了一个三步走实现 DX 的

成功案例。三个步骤分别是：①数字化；②数据应用；③ DX（图 3-1 ）。

　　坊间对 DX 的讨论也不绝于耳，但是讨论的关键词不是应用，也不是转型，而是实现转型之后带来的收益。

　　促成这种转型的根源就是 AI 自主学习模型。在 Web3 时代利用 AI 计划达成的目标应该是高于 DX 的。我们称这一阶段为 "Beyond DX"。在此阶段，不仅各家企业实现了 DX，各企业之间的价值网络也能够实现有机的连接。届时，去中心化的互联网及相应的数据所有权形式与 AI 相结合的新模式将得以实现。

⊕ 企业经营重心的再定义

　　实现经营重心调整的前提是采用 AI 自主学习模型并最终实现企业的 DX。这一小节我们从这个角度探讨一下企业经营重心调整与 DX 的关系。

　　前一小节我们引述了日本产业经济省对 DX 的定义，即数字化、数据应用、DX 三阶段。但令人遗憾的是，多数日本的企业还远未达到产业经济省所定义的 DX 发展阶段。这是因为日本的传统企业经营模式严重阻碍了推进 DX 的脚步（图 3-1 ）。

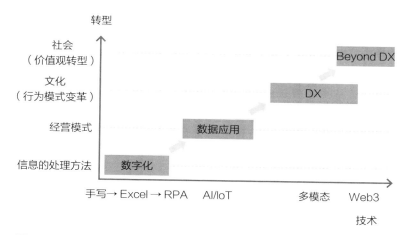

图 3-1　DX 的各发展阶段。迎接凭借新技术应对社会问题 "Beyond DX" 时代
资料来源：结合日本产业经济省资料制作。

　　直至今日，日本企业的经营重心依然在于战略目标的选择及战略资源的集中配置。各家企业通常从既有的若干项业务中选取最有前景的业务作为发展重心，并设置关键绩效指标（Key Performance Indicator, KPI），基于从业人员的统筹规划能力，不断优化企业的管理层。这种前数字化的企业管理，必然带来这样的结果。如此一来，管理层高瞻远瞩的决策力及坚定不移的执行力决定了企业的成败。

　　运用了 AI 自主学习模型的企业则拥有与前者截然不同的经营模式。若仅凭财报的各项指标做出整体评价的话，像当前这样设定若干个 KPI 的方法毫无疑问是科学有效的。但是依靠 AI 自主学习模型牵引业绩增长的企业则将数据看得无比重要。每一组数据都是事关企业成长的重要资产，源于数据分析的行业洞察力是企业发展的前提与关键（图 3-2）。

	迄今为止的经营模式	Web3×AI 时代的经营模式
战略	聚焦核心业务	重新定义经营重心（多模态、多领域）
决策	基于特定的 KPI 做出决策	AI 牵引（以用户为中心的决策）
战略执行	管理层的统筹规划	基于数据及 AI 预测的新架构
操作	人才	人才 + 技术

关键在于聚焦核心业务，强人领导，高效决策并坚决执行	关键在于围绕 AI 构筑新的经营管理模式

图 3-2　AI 时代的企业经营之道。对企业的经营提出了多模态、多领域的新要求
资料来源：ExaWizards。

应用 AI 自主学习模型的 AI 牵引型企业通过收集并分析与用户相关的各种信息，能够基于用户的特征及嗜好提供针对性的服务。由此企业能提高服务的品质，增加服务项目，进而吸引来更多用户，收集更多数据，实现发展的良性循环。该类型企业为维持以用户为中心的良性循环，还会持续使用 AI 辅助决策，提高服务品质。

当企业发展到一定的规模，仅凭人力是无法掌握每位用户的特征与嗜好的。应用 AI 自主学习模型的前提是搭建企业

内部互联互通的数据库，AI 的模型就构筑于企业内统一的数据库之上。

若要实现 AI 对企业的牵引，多模态、多领域的经营方式就尤为重要。所谓的多模态，其关键是要求 AI 模型能处理多个类型的数据，而多领域则是要求 AI 模型应该涉足多个行业，从中搜集和分析数据。

多模态之所以重要，是因为迄今为止的 AI 缺乏可塑性。用于图像的 AI 只能用于处理图像信息，用于文字的 AI 也只能用于处理文字信息，目前主流的 AI 都是针对单一类型的数据深度定制的。多模态的 AI 则能以一套算法应对图像、文字、声音、视频等信息，并对多类型的信息进行整理分析，加以数字化，并自主学习做出准确的预测。

多领域则不仅要求 AI 涉及多种行业，还要求 AI 具有突破既有行业壁垒的能力。以数据为原点不断扩大经营范围的模式，就是 AI 经济的本质。前文提及的蚂蚁金服就是从电子商务涉足金融行业的典型例子。仅从事特定的行业，且只收集行业内数据的话，数据总量是有上限的。而 AI 的潜力仅与数据量有关，与既有的行业类型、经营方式并无关联。

🌐 Web3 与 AI 相得益彰

我们不妨设想一下在 Web3 时代，AI 都能做些什么。

互联网与 AI 是完全不同的两项技术。但是在 Web2.0 时代二者就互相促进，同步获得了飞速的发展。

通过 Web2.0 收集的数据与借由机器学习、深度学习不断迭代的 AI，二者相生相成，造就了如今的科技巨头。科技巨头能垄断各种资源，也正源于此。

到了 Web3 时代，需要数字化处理的信息将远超当下。DAO、NFT、SBT 等的技术自不必再多做说明，元宇宙中的一举一动全都会留下数据。Web3 的普及面越广，随之而产生的数据就越多，AI 的预测也就越精确。NFT 与 SBT 等技术投入商用之后，除了本就能够直接用于训练 AI 的结构化数据（定量数据），非结构化数据（定性数据）也会变得易于处理。利用智能契约完成交易之后，非结构性数据便会立刻自动交由 AI 进行分析。

随着数据量的增加，元宇宙中由 AI 加工的数据其内容也可能变得愈发丰富多样。如果自然语言的即时处理技术及机器翻译技术能够投入实际运用，这将一举消除元宇宙空间内的语言障碍。若图像识别技术成熟，人们就能分享含有更丰富信息的影像。

通过上述的种种技术，人们可以在元宇宙内实现许多现实世界中无法设想的事情。如前文所述，元宇宙的定义有两种，其一是指虚拟现实的 3D 世界，其二是指与线下世界割裂，仅存于线上的世界。本书所提到的元宇宙主要是第二类。但实际上第二类元宇宙却能大大地丰富第一种元宇宙的内涵。例如，通过摄像头捕捉人脸表情，并瞬间生成元宇宙虚拟形象的应用功能就离不开强大的 AI 算力。

在用户的角度，是否将个人数据交予 AI 分析的决定权也将回归每位用户。

选择性加入（Opt-in），即在获得明确许可后使用用户数据的服务协议今后将得到普及。如今，经营者为了获得用户许可，往往需要向用户表明许可数据使用后所能获得的好处。到了 Web3 的时代，用户（参加者）是否认同 DAO 的理念，将成为是否交付个人数据的决定因素。

◉ AI 技术保障 Web3 应用落地

在 Web3 时代有望实现的大多数服务，很可能是离不开 AI 技术的。

迄今为止，区块链中所保存数据的绝大部分不过是记录着某人持有多少加密资产。待到 Web3 的时代，情况将大有不同。基于智能契约的各类程序得到落实之后，区块链中就可以保存视频或图像等数据。

我们不妨设想这样一种场景。用户先选择一项运动并开始学习，在掌握运动技能之后就能获得相应的通证作为奖励。平台若要判断用户对该项运动的掌握情况，最简单的方法就是利用手机内建的加速度传感器检测用户的运动方式，并以此进行评价。伸展运动和散步等就属于这类场景。未来，随着Web3 的普及，视频或图像就也能成为评价的依据，获取这些信息之后平台就可以更精确地评价用户对该运动的掌握情况。

例如，瑜伽运动的评价标准比较复杂，评价时需要对四肢及躯干的姿势进行全面的打分，仅凭加速度传感器的数据难以做出准确评价。这种场景下就需要使用 AI 来判读运动视频做出评价。这类技术不仅能用来给瑜伽的姿势打分。爱克萨科技提供了一项步态分析服务，用于评估老年人的摔伤风险，这项服务就用到了上述的 AI 技术。

通过 Web3 × AI 的强强联合，我们就能为许许多多的用户提供个性化的健康咨询服务，进而推动社会医疗卫生领域的行为模式变革。如果我们进一步积累数据，则该项目或能预判医疗卫生领域的行为模式变革与中老年人平均健康水平之间的关联，并帮助政府节省医疗保险等社会保障性支出。而后政府也可能会为了加速推进医疗卫生领域的行为模式改革，出资采购我们的服务。

这里还有一个案例。英国人对园艺的痴迷人尽皆知。此外，动手打理自家花园也能促进国内生产总值（Gross Domestic Product, GDP）的增长。

2021 年 9 月，英国皇家园艺协会公布的一项调查结果显示，观赏园艺及造园产业相关的“绿色经济”，预计 2030 年度的产值将达 420 亿英镑（1 英镑 ≈ 1.27 美元），较 2019 年

度增长 130 亿英镑，并能创造 76.3 万个以上的就业岗位。对
于园艺的投入，在美化居住环境的同时，也能改善当地居民的
身心健康。此外，绿化面积的提高还能起到减碳固碳的作用。

有观点认为，如果园艺的 2030 年愿景可实现，英国政府
应该向认真修整庭院的家庭支付相应的酬劳，这也将有利于拉
动该国的 GDP。

那么，政府如何判断各家各户的庭院是否打理得当呢？
路上的行人又有多大意愿去讨论路边的庭院呢？有人提议在确
保个人隐私不受侵犯的前提下，或许可以用 AI 来分析道路监
控的视频影像，帮助我们做出判断。另外，也有人提议可以让
AI 来分析社交平台中人们上传的照片。还有人提议，可以在
清扫车等公共部门有权调度的车辆上安装 AI 摄像头，自动对
路边各家各户的庭院进行评分。

在 DAO 进行决策的过程中，AI 的算力也是必不可少的。

组织内分配通证以示激励的时候，如果规则只有利于早
期加入的成员，组织的可持续发展就难以实现。为了应对这类
问题，就需要利用 AI 的算法兼顾新老成员的利益，确保激励
的公平性。

🌐 Web3 结合 Web2.0 的复合增长模式

在 Web3 的技术背景下，什么样的经营模式最有可能运用

AI 获得增长呢？

　　夏明·沃什姆吉尔在《通证经济》中指出："几乎可以断言，未来互联网将拥抱去中心化。但是垄断的系统也并不会全部被淘汰。面对一些特定的用途，垄断的系统依然有其自身的优势。"

　　我们认为在 Web3 的基础上结合 Web2.0 的优势，并运用 AI 助力成长的模式是最为理想的。没有必要按照去中心化的标准把所有事物推倒重来，而应让垄断式的架构与去中心化的架构取长补短，分工协作。

　　Web2.0 和 Web3 给用户带来收益的走势是相反的。在 Web2.0 的互联网中，随着时间的流逝，用户的收益会逐步增加，但是在 Web3 的互联网中，越早入局的用户获利越大。我们不妨假设一个垄断式架构与去中心化架构轮换使用的经营案例进行说明。首先运用 Web3 的技术开启某项服务，与此同时向用户说明可能的收益，确保项目顺利落地。待到用户基数达到一定量级后转变经营模式，运用 Web2.0 的成长模型继续扩大用户基数，源源不断地创造利润。

　　这里解释一下上述方案的赢利机制。

　　在 Web3 的经营模式下，用户购入公司或组织发行的通证，成为集团的一员，并获得相应部分的所有权。在项目伊始，用户可以凭较低的价格购入通证，随着时间流逝，看涨通证的新用户不断入局，通证的价格也就水涨船高了。如此一

来，越早入局的用户获得的金钱激励越大，因而 Web3 的经营
模式容易带来急速的增长（图 3-3）。

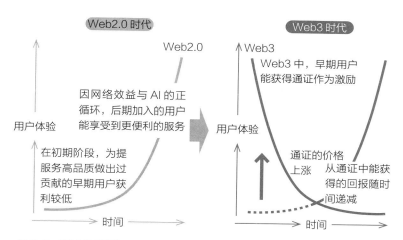

图 3-3　Web3 时代与 Web2.0 时代，服务价值的迁移走势相反。Web3 时代
中 Web3 与 Web2.0 的复合增长模式能兼顾早期用户与后期加入的用户，为所
有用户创造服务价值

资料来源：ExaWizards。

　　有一款现象级的网络游戏名为 Axie Infinity，玩家们可以
操纵可爱的角色参与战斗，该游戏就运用了 Web3 的技术。玩
家首先需要注入较高额的入会费作为原始资金，游戏实行一套
名为"Play to earn（玩赚）"的激励机制，根据游戏中的游戏
得分及游戏时长来分配通证，使该游戏一时间风头无两。虽然
也存在批判该游戏经营模式的声音，但受新冠疫情影响，现实
世界中的就业渠道受阻，该游戏在发展中国家的年轻人中大受
欢迎，急速地成长起来。但是后来该游戏遭到了黑客的攻击，

又碰上了加密资产价值暴跌的行情，在游戏中挣不到钱的玩家纷纷离场。"眼看他起高楼，眼看他楼塌了"的大起大落也正是 Web3 所特有的。

迄今为止提供优秀服务和产品的初创公司并不在少数，但它们都没有获得用户的青睐，消失在了市场之中。如果它们用上了 Web3 的技术和经营模式，即使不在广告和营销上投入重金，创立伊始仅凭通证等经济激励就能够一口气扩大用户基数。

Web2.0 的经营模式则与前者截然不同。脸书等社交平台及连我（Line）等即时通信软件就是其中的典型，服务的运营时间越长，用户体验就越好。这些服务在初期阶段可谓毫无利用价值。若朋友、熟人都不使用同一款社交服务，每一位用户的体验就无从谈起。

随着时间的推移，社交平台中的参与者越来越多。身边的亲朋好友、同事熟人都加入同一社交平台之后，这项服务就成了日常生活中的基础设施。运营周期越长、用户人数越多，对每位用户而言该项服务的价值也就越大。这就是网络效益带来的结果。

在 Web3 的经营模式遭遇发展瓶颈，用户人数不再增加的时候，果断切换为 Web2.0 的经营模式，运用网络效益及 AI 的正循环增长模式创造新的增长点。如此一来就可以借助 Web3 快速发展用户，并收集大量数据，待到时机成熟就换用

Web2.0 的 AI 自主学习模型，谋求持续的增长。

各家企业都会看到上述发展模式的优势，并如法炮制地寻求自身的发展。Web3 时代与 Web2.0 时代的主要区别就在于，数据的所有权是否回归个人。今后，企业需要支付通证来交换个人用户手中数据的使用权。

在 Web2.0 时代，用户在个人数据的处置问题上是缺位的。而以几家科技巨头为首的高科技公司则可以搜集社交平台上的公开信息，使自家的 AI 变得更加聪明。

到了 Web3 的时代，在保证个人隐私的前提下，用户则很可能为了获得包括现金在内的各类激励，积极地让渡个人的数据使用权。

为了负担各类激励，企业的利润空间可能会被压缩。然而，用户数据的所有权从过去的服务运营商转移到每位用户手中之后，每位用户愿意分享的信息较过去可能不减反增。在日本，此类技术运用及经营模式也可能因应用了 AI 自主学习模型而获得长足发展。Web3 定然是一个 AI 空前进步的时代。

第 4 章

公共服务与企业发展的交集

我们将 Web3 与 AI 相互结合的目标是实现 Beyond DX。这个 Beyond DX 又是为何而生？众所周知，亟待解决的各类社会公共问题均无法以规模化生产的逻辑加以应对。我们认为这就是 Beyond DX 的用武之地。Web3 与 AI 自主学习模型相结合的模式不失为各类社会问题的解决之道。

截至今日，社会问题的处理多由政府机关主导。其中主要的手段就是政策的扶持。但是，这些公共问题关系到社会的方方面面，与之相关的人数众多。即便是遇到相似的问题，当事人的立场若不同，实际执行起来遇到的阻力也可能各有不同。采用规模化生产的逻辑，边做边改而后生搬硬套既有方案的手段，难以高效地解决实际问题。

那么，我们应该如何利用 AI 及 DX 等新技术新手段呢？2020 年，为了应对新冠疫情带来的冲击，日本政府向全体国民一次性发放了 10 万日元的补助金，称之为"特别定额给付金"。结合此例，我们来探讨一下传统公共服务中的弊病，并尝试着提供一些新的思路。

🌐 全员补贴、少数得助

所谓的"特别定额给付金"指 2020 年日本政府推出的一项紧急经济政策，旨在缓解新冠疫情对经济的消极影响。在具体操作的过程中，日本政府按照每人 10 万日元的标准，依据住民基本台账（户口）的记录，以现金形式向户主支付家庭成员全员的补助金。这笔费用由财政负担，合计 12 兆 8800 亿日元。政策执行过程中耗费的行政成本约达 1459 亿日元（图 4-1）。

那么，该政策是否发挥了预期的作用呢？图 4-1（a）中横轴是以月为单位的家庭收入，纵轴是户数。由此，我们可以清楚看出收入与户数之间的关系。

据估算，在收到现金后认为"大有裨益"并表示感谢的，主要是月收入 20 万 ~30 万日元的家庭。

家庭月收入不足 20 万日元的家庭，仅凭一笔人均 10 万日元的补助金仍无力扭转困窘的现状。相反，月收入 35 万 ~55 万日元的家庭并不受金钱之苦。他们收到的补助金很可能全部转为存款。月收入高于 55 万日元的家庭则可能完全没有意识到区区 10 万日元的入账。

据此估算，如果仅针对最需要补助金的社会阶层发放现

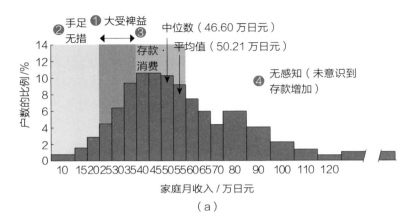

（a）

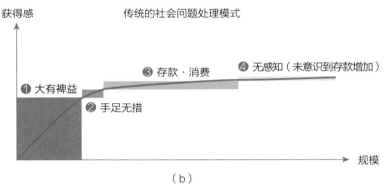

（b）

图 4-1　新冠疫情中 10 万日元给付金的效果。财政拨付在不同收入家庭中的作用不同，投入达到一定规模之后慈善的收益不再增加

资料来源：ExaWizards。

金，可以获得更好的效果。此外，越多阶层获得补助金，经济政策的效益越低。这样的政策效果呈现为"倒扣炒锅曲线"，即公共服务的效益增长随规模扩大而递减。图 4-1 显示的边际效益递减也能表明："不患寡而患不均"式的全民普惠型紧急

经济政策高耗低效。

正如本章开头所说的，社会上存在这样或那样的社会问题。国家及地方政府的各个部门要面对的社会问题日益复杂，愈发棘手。传统的公共服务模式已经陷入困境。面对如今的种种社会问题，Web3×AI 的模式将大有可为。

🌐 利益至上的经营理念已无以为继

当今的社会问题不再只是政府等公共部门的职责，而企业也不应一味追求持续的赢利。传统的社会问题应对模式不断受到挑战。如果无视社会问题恶化，各人自扫门前雪的话，就企业的中长期发展而言，无疑是不利的。

首先是资本家的经营行为发生了转变。这是因为"影响力投资"的新风尚正在兴起。

所谓的"影响力投资"指的是企业在追求账面利润的同时，力图在社会、环境等方面获得自身影响力的投资行为。转变的契机始于 2013 年，当年在八国集团首脑会议（G8 Summit）上，时任英国首相戴维·威廉·唐纳德·卡梅伦（David William Donald Cameron）呼吁设立"G8 社会性影响力投资特别工作组"。

受此影响，日本也设立了社会投资推进财团（现名为：社会变革推进财团）。此外，该特别工作组设于日本的咨询

委员会也发布了名为《日本的社会影响力投资现状》的报告
（图 4–2）。而后，日本金融厅与该咨询委员会于 2020 年共同
举办了"影响力投资学习会"。

图 4–2　日本国内影响力投资金额变化

资料来源：社会变革推进财团。

　　据 2022 年 5 月 15 日发行的日本经济新闻报道，现在越
来越多的股东提案要求企业从 ESG（Environmental、Social and
Governance，环境、社会和企业管理）的角度来改善经营模
式。受此影响的企业数量之多，是美国有记录以来未曾有的，
埃克森美孚（XOM）、麦当劳（McDonald's）、辉瑞（Pfizer）
等全球性企业都在其列。同时，日本要求电力公司就其经营活
动带来的环境影响进行公示的呼声也愈发高涨。这种舆论风潮
席卷全球。"过热的经济增长让位于社会贡献"的思潮在美国
1980—1995 年出生的"Y 世代"，以及 1996—2010 年出生的
"Z 世代"年轻人中备受推崇。日本国内也呈现出相同的趋势。

日本有一家名为"学情"的公司长期为应届大学毕业生提供名为"朝日学情指南"的咨询服务。该公司于 2020 年 4 月对用户进行了一项问卷调查，问题是"您希望进入什么样的企业工作"。回答"社会贡献度高的企业"的用户比 2019 年增加了 4 个百分点，达到了 31.4%。选择了"前景稳定的企业"及"知名度高的大公司"的人数均较 2019 年有所下降。相较于此，选择了"社会贡献度高的企业"的人数不减反增，引人注目。

确保人才的储备在日本的各大公司都是件令人操心的事情。企业对社会问题的态度，在很大程度上关系到了维系企业发展的人才战略。

企业因发现新的市场增长点从而实现自身的成长，这一点不言而喻。但是如果只注重短期收益，急功近利，企业将牺牲长期的发展空间。归根结底，商业上的增长点与社会的公共问题往往就是一体两面。

社会问题中所蕴藏的商机，其市场规模往往是不可估量的。奥兹咨询公司（Owls Consulting Group, Inc.）于 2017 年公布了针对《SDGs 经济可能性与规则制定》的报告。基于报告中的数据，该公司认为社会问题中的潜在商机（SDGs 经济，即可持续经济）其市场规模或高达 244 万亿日元。越来越多的企业开始关注这个市场是理所当然的。

⊕ 迎接"公共服务"与"企业发展"相互融合的时代

一面是以低效的方法处理社会问题，连年亏损无以为继的公共服务；另一面是急功近利，无利不起早的民营企业。面对这样的现实，我们正在找寻一条二者融合发展的新道路。

应对社会问题时，政府部门的措施（公共服务）与民间企业的经营活动可谓是殊途同归，其中存在着相互重叠的部分。简而言之，就是要在二者之间取长补短，兼容并蓄。在这里要介绍一下社会事业（Social Business），这是一种公共服务与企业发展并行的经营模式，即让企业来提供社会公共服务，并以此获利。

我们先从社会观念的角度分析一下开展社会事业的可行性。以往的经验与观念通常认为，公共服务的实践与民营企业的经营二者之间存在利益冲突，难以取长补短。随着社会的发展，特别是如今技术日新月异，社会事业有了施展的空间。

许多研究也表明，普通市民的观念已经发生了转变。

其中日本财险（Sompo Japan Insurance, Inc.）于 2021 年公布的《SDGs·关于社会问题的认知调查》中指出，在 2021年，对 SDGs（可持续性发展目标）内容有所了解的受试者占76.4%。这一结果相较于两年前的 31.2%，提高了 45 个百分点。同一问题在四年前的调查结果仅约为 26%。调查结果表明，近年日本民众对该问题的关注度大幅提高了。这种变化或许反映了社会价值观"从物质富足到精神满足"的转变。

下面我们从技术的角度来探讨一下社会事业的可行性。

其一是智能手机的平台化。随着智能手机的普及，我们能从更多的维度收集数据。与此同时，数字化的建设也在生活的方方面面迅速地铺展开来。数字基建包括借助各类传感器实现万物互联的 IOT 技术，以及不必亲临现场允许异地调度数字信息资源的云计算技术。随之而来的是 Web3 领域的相关技术，区块链及元宇宙等技术应用也将会迅速普及（图 4-3）。

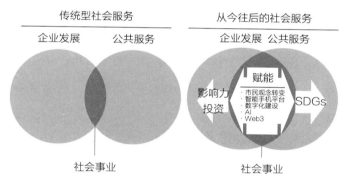

图 4-3　SDGs 与影响力投资等的风潮影响，使社会服务与企业发展的界限变得愈发模糊

资料来源：ExaWizards。

数字化的过程中最需要关注的莫过于 AI。若采用 AI 自主学习模型智能地收集各类数据的话，各行各业的决策效率都能获得长足的进步。不论要应对多少用户，AI 都能瞬间为每个

人提供定制化的服务。

上述的种种要素——就位之后，社会事业的获利空间就已经出现了。

🌐 借力 AI 实现精准的财政拨付

在实践过程中，人们逐一地完成各项小目标，最终解决社会问题。以前面提到的 10 万日元补助金为例，我们设想一下应该如何运用社会事业的方法处理社会问题。

日本政府将 10 万日元一视同仁地发放给了每位国民。若是考虑到政策制定的目标，则应该给贫困阶层拨付更多的补助金，或是给富裕阶层发放有使用期限的数字货币，避免受助者将补助金转为储蓄。又或是专门制定一套规则，鼓励富裕阶层将补助金转用于投资。

但是以上的种种设想，其前提都要求政府以数字货币或加密资产的形式发放补助金。数字货币相较于现金的优势在于可以大幅地削减行政成本，与此同时也能轻松地实现补助金去向的可视化。

补助金去向的可视化可以协助政府做出科学决策。如今的智能手机已经实现了平台化，数字化的施政手段无疑是最优解。如果发放的是有使用期限的数字货币，受助者就不会将其转为存款，从而实现刺激消费的作用。如果补助金领取页面上再设计一个"存入投资账户"的按键，就能刺激投资。

前面提到的蚂蚁金服就是社会事业的成功案例，阿里巴巴公司开通的余额宝等服务，能轻松将账户余额转为投资，使其短时间成长为全球首屈一指的 MMF。这一事例也说明，优秀的应用软件设计及良好的用户体验，都能给政策实施带来助力。

政府如果能够掌握国民手中 10 万日元补助金的去向，此后的补助金就能按照每个人的实际情况和困难有针对地发放，继而能大幅提高政策的实施效果。

针对每位用户提供的定制化服务，这十分有利于处理社会问题。新的技术手段能帮助我们监控政策实施的效果并进行评价。在此基础上设计并优化服务和激励的手段，再进一步监控政策的效果，而后在循环往复的过程中改善施政的效率。通过这样的成长型的正循环，政府能提供更好的政策服务。辅助政府决策即社会事业的目标（图 4–4）。

🌐 成本低、可扩展、实时反馈等的优点

在社会事业的实践中，基于智能手机构成的数字化平台具有成本低、可扩展、实时反馈等的诸多优点。也许有人会跳出来批判："采用数字化平台的方案，将没有智能手机的社会弱势群体置于何处？"我们对社会弱势群体自然是不能置之不

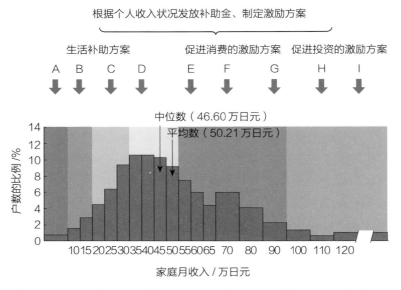

图 4-4　10 万日元补助金的发放方案。运用数字技术，按照个人收入情况制定补助与激励方案。申请人咨询 AI 聊天机器人，申请补助的方案也未尝不可
资料来源：ExaWizards。

理的。

　　数字化的一大优势就是能降低成本。我们就以 10 万日元补助金的发放为例，采用数字货币或加密资产的话，毫无疑问政府的行政成本能大幅削减，再用节省下来的行政成本，以现金的形式给没有智能手机的人发放补助金。这种体贴的方案也不失为一个办法。

　　无论以何种途径实现数字化，在过渡期一定会出现抱怨的声音。例如，从传真机过渡到电子邮件的阶段，就曾有不少人抱怨"电脑屏幕上的文字难以阅读"。这就是从习以为常的

传统模式切换到数字化模式的学习成本。

　　除了对于成本的控制，良好的可扩展性与实时性也是数字化的优点。还是以传真为例，许多人在使用电子邮件之初依然觉得传真用起来比较顺手。但是经过一段时间的使用，人们很快就会发现邮件便于保存、检索，可以快速转发。在邮件中进行复制粘贴等文本操作更是轻而易举。经历了适应期，人们很快地就意识到了电子邮件较传真的优势。

　　如今的日本，人口老龄化进程不断加速。如何应对老龄化社会是日本面对的一个社会问题。面对这一问题，不妨从社会事业的角度寻求破解之道。

　　谁都要面对老去的那一天，于是高龄老人的养老护理（陪护、照护）成了一个老生常谈的社会问题。自行照顾家中高龄老人是非常困难的事情。因此，在日本养老护理员及上门护理等相关的工作应运而生。

　　近年来，从事养老护理及上门护理服务的劳务派遣公司越来越多。日本全国各地都设有小规模的养老设施，以满足周边地区的需求。在传统的观念中，养老护理是一个劳动密集型的工作，与数字化或 AI 自主学习模型关系甚远。

　　美国的傲纳科技公司（Honor Technology, Inc.）就在养老护理服务中运用了 AI 自主学习模型，通过社会事业获得了巨大的成功。该公司为从事家庭护理服务的劳务派遣公司提供技术支持，通过 AI 来对接顾客的需求，按照养老护理技能与工作日程，协助派遣养老护理人员。

从事家庭护理服务的劳务派遣公司，通常将专业且细致的护理服务视为公司的核心竞争力。该类劳务派遣公司的规模通常较小，因此人员的工作日程管理就成了棘手的工作。

傲纳科技不仅在自家的平台上运用 AI 为高龄老人匹配合适的养老护理员，提供上门护理服务，同时也开放平台，为中小型的家庭护理服务派遣公司提供技术支持。加入同一平台的各家派遣公司形成了网络，进而能为高龄者提供更便捷的服务，增加护理服务的委托次数。随着平台上的高龄老人和养老护理员人数增加，用于训练 AI 自主学习模型的数据就越多，养老护理服务的匹配精度也随之逐步提高了。关于该公司的更多故事，我们会在本书的第 2 部分介绍。

🌐 社会整体效益与特定服务的 KPI

在这一小节，我们来探讨一下应对特定社会问题的服务与社会整体效益之间的了联系。

爱克萨科技推出了一项名为"Care Wiz Hanasuto"的 SaaS 服务，来协助养老护理的从业人员轻松完成护理日志的填写工作（更多详细内容请详见本书第 2 部分，该服务目前由 Care Connect Japan Inc. 提供）。

所需设备仅有智能手机和头麦。语音 AI 的算法能识别养老护理相关的关键词，员工仅需要说出"某某老人，整份早餐，用餐完毕"，AI 就能自动地将相应的信息填入护理日志中。如此一来，预计每人每天能节省约 40 分钟的文书工作时间，提高了工作效率。按工作日 8 小时工作制计算，每位员工一年能节省约 20 天的工作量。

那么，这项服务的社会效益，换言之即 KPI 和重要目标达成指标（Key Goal Indicator, KGI）有何关系呢？图 4-5 中显示的即 KPI 和 KGI 的关系。

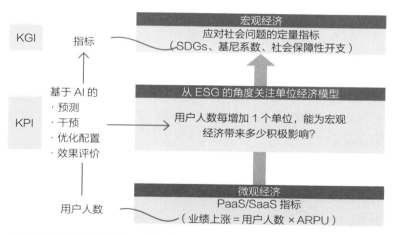

图 4-5　应对社会问题的 DX 过程中，微观经济与宏观经济的关系。通过对服务的功能与性能的优化，或能为宏观的社会效益带来积极影响
资料来源：ExaWizards。

对 Hanasuto 这样的 SaaS 服务而言，用户人数是最重要的指标。将用户人数乘以客单价就可以计算出营业额。那么，单

项服务的微观指标与处理社会问题的宏观指标之间有何联系呢？Hanasuto 的服务为养老护理行业的从业人员与服务终端的高龄老人创造了价值，从中我们可以一窥微观层面的个别服务与宏观层面的社会效益二者的联系。

Hanasuto 的语音识别效率与服务质量的提高能进一步提高从业人员的工作效率。如前文所述，1 天节约 40 分钟，1 年就节约 20 天。

若能将这部分的工作量用于服务更多的高龄老人，就可以相应地降低社会保障的支出。其中的社会效益显而易见。

另外，节约下来的精力若能用于为高龄老人提供更细致的服务，也能给宏观的指标带来积极的影响。精心的养老护理服务能缓解老人的病痛，充实老人的精神生活，进而可能改善老人病情或抑制病症恶化。因此而节约下来的社会保障费用也十分可观。

这里需要关注的是养老护理从业人员对平台易用性的评价，尤其是反映评价结果的满意度。通过采购合适的耳麦并调试语音 AI，就能提高语音记录的精确度。同时，若能与电子病历实现联动，就能够实时地将语音信息正确地转换为文字信息记录在电子病历中，由此就能进一步提高员工的工作效率。

例如，提高语音输入精度、调整麦克风敏感度，开发实时联动的电子病历等，各种对服务功能的创新及优化，最终都将会为社会效益的 KGI 带来积极影响。

实现上述指标的可视化，有助于评估新设备、新服务的投资收益，继而实现从业人员、高龄老人、SaaS 服务供应商三方共赢的理想状态。

🌐 基于 AI 自主学习模型的全局优化与灵活应对

社会事业与当前的政府公共服务、企业经营活动的不同点及共同点在哪里？我们从"对象""目标""开发""运营"四个维度进行说明。

首先是服务的"对象"。社会事业为应对社会问题而生，最终的服务对象是该地区居民或该国的国民。这一点与公共服务是相同的。但是与秉持全民公平一致原则的公共服务有所不同为了有效地解决具体社会问题，社会事业要求因地制宜，力求为每位用户提供定制化的服务。在数字化的营销过程中，使用 AI 预测用户嗜好并推荐特定商品的做法已经十分普遍。社会事业也运用到了这一技术手段。

其次是开展服务的"目标"。社会事业以解决社会问题、提高民众获得感为目标，这一点与公共服务也是完全一致的。但是公共服务不太关注收益的可视化，而社会事业却非常关注这一点。在社会事业经手的项目中，首要的工作就是实现数据的可视化。企业会持续追踪投入产出比，并计算投入资金与最终获益是否平衡。例如，10 万日元补助金发放完毕之后再无后文的案例，就不是社会事业的行事风格。

某项服务的"开发"过程中最重要的莫过于资金。公共服务的原始资金主要源于政府的税收。不同于公共服务，社会事业并不依赖财政预算的拨付，与普通的商业投资一样自筹资金，自负盈亏。如今企业的影响力投资可以作为一个可依靠的资金来源。今后，基于 DAO 和通证等全新技术的筹资方式也将普及起来。

最后是服务的"运营"。项目运营的全过程要积极应用 AI 自主学习模型，不断收集数据，不断优化模型，实现迭代。

项目开启之前不宜自我设限地敲定规格、规模和规范，应在运营的过程中实时反映 AI 预测的结果，迅速灵活地做出应对。政府的公共服务及传统的企业经营活动往往使用层层分包的瀑布式项目管理逻辑（Waterfall）。社会事业宜采用敏捷型项目管理模式（Agile）——控制团队人数、全天候待命，依据反馈和需求迅速开发、不断迭代，使服务臻于完善。

⊕ 社会事业系统化实践，助力未来社会形态全面升级

旨在应对具体社会问题的社会事业，其单个项目所带来的社会收益是有限的。然而，多个社会事业的项目通过数据共享、功能对接，能产生的社会收益不可估量。为此，明确项目

的 KPI 和 KGI 尤为重要。

在 Web3 的技术背景下，为了应对具体的社会问题，我们可以利用 SBT 等技术，在获得用户授权的前提下大量收集数据。

若干个社会事业的项目相互联动，就可以构成不断自检和优化的子系统。这个子系统不断壮大，就逐渐形成了可以互检互证的平台。最终，许多验证可行的项目能集合成为一个巨大的社会性系统。这种企业经营与社会服务并行的社会性系统可以运用 AI 自主学习模型不断地迭代。这是我们对社会事业发展的预期，也是未来社会可能的形态。

在本书的第 2 部分，我们会介绍若干个应对社会问题的具体项目。这些项目就是社会性系统中子系统的雏形。如何在社会性系统中发挥各子系统的功能，这就要看所在地区管理者和项目参与者的智慧了。

第 5 章 ___□ ☒

社会问题的处理框架 "BASICs"

在 Web3 与 AI 自主学习模型相互结合的技术背景下，在实践的过程中我们应该如何应对社会问题呢？其中有几个要素至关重要。

我们从日本及全球的若干个成功案例中归纳了 5 个要素。由此构成的框架我们称之为 "BASICs"，该框架能帮助我们更好地利用 AI 解决社会问题。本章就来探讨一下这个 BASICs。

BASICs 框架指的是什么呢？

BASICs 一词取自五个英文单词或词组的首字母。这五个单词或词组分别是 Behavioral change（行为模式变革）、Accountability（效果的可视化）、Scale & Continuous improvement（规模化与持续优化）、Income with profit（维持运营的营利性）、Cultivate data value（数据价值化）。末尾 "s" 是 "Success" 的首字母，意指为用户创造价值，成功应对社会问题（图 5-1）。

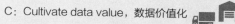

应对社会问题的 BASICs 框架

B: Behavioral change，行为模式变革

A: Accountability，效果的可视化

S: Scale & Continuous improvement，规模化与持续优化

I: Income with profit，维持运营的营利性

C: Cultivate data value，数据价值化

图 5-1　BASICs 中，末尾 "s" 意为用户创造价值，成功应对社会问题
"Success"

资料来源：ExaWizards。

⊕ B——行为模式变革

首先来谈谈 "B" 要素。在应用 AI 来处理社会问题的过程中，首要的工作是促使社会问题中的当事人解放思想，认识到问题之所在，从而改变既定的行为模式。

为了创造理想的未来社会，我们就必须正视人的自主意志。缺乏自主意志，人云亦云、循规蹈矩的一方，很可能沦为 AI 的奴仆，更遑论使用 AI 了。

但是如果仅仅坐而论道，是无法改造社会的。人们应发挥主动性，并付诸行动。实际上，许多人被迫直面这样或那样棘手的社会问题。应使人们认识到，解决了所处困局者终获利。正如战胜病魔后才能拥有安宁生活一样，这一点显而易见。除了直接当事人，因行为模式变革而受益的人更是不在少数。其中，应对老龄化问题、全球变暖、节能脱碳等的实践最为人津津乐道。

我们以老龄化问题为切入点谈谈行为模式变革的作用。日本现在正面临着老龄化加速的问题。我们中的许多人或多或少都有过照顾父母的经验吧？那么，这就是一个社会问题。既然我们每个人都是老龄化问题的当事人，没有人能够置身事外，因而所有人都应该关心这一问题，并认识到投身于处理该社会问题的必要性。

正因如此，为了鼓励人们迈出应对老龄化问题的第一步，我们需要一个助推行为模式变革的机制，帮助人们意识到问题之所在。"如何照顾父母"是每个人普遍遇到的问题，但这并不是应对社会老龄化的问题关键。我们应该弄清楚的是在此过程中，每个人可能遇到的困难。

老龄化带来的问题数不胜数。例如，有人为就近照顾父母而离开大城市回到家乡，固而面对失业之苦；也有人因担心家中失智老人走丢而夜不能寐；还有人因上门护理服务的规章制度复杂烦琐而无所适从。

以一人之力应对各式各样的问题显然力有不逮，但这恰好是 AI 的强项。以 AI 之力能轻而易举地针对各式问题及各类需求提供服务或建议。

就以回乡照顾父母为例，AI 可以提供就业服务，搜寻符合条件的岗位，为当事人安排可以居家办公的工作。AI 也可以提供线上教学服务，使应聘者快速掌握相应技能。国家和地方政府也正致力于制定相关规章制度，以便提供养老护理相关的服务。今后可以通过 AI 匹配当事人的实际情况并提供相应的信息及服务。

促成行为模式变革的激励机制如何设计

在享受相应服务的同时，利他的格局也是必要的，这就要求设计一套促成行为模式变革的激励机制。能用于养老护理的社会资源是很有限的，这就需要有用的信息和该区域资源的共享。

例如，可以将自己所享受的养老护理体验分享在互联网上供其他用户参考以换取积分点数。另外，每日以私家车接送自家老人往返养老设施的同时也捎上附近的老人，以此换取地方政府发行的所在地消费券等。这些激励措施都是可行的。

服务社会的意志与将意愿付诸行动后的获益二者缺一不可。二者同时具备的时候，应对社会问题的行为模式变革自然是水到渠成。在充分理解每位国民所面对的问题的同时，提供相应的服务与激励，这种个性化定制服务仅凭人力是无法实现的。正因如此，面对疫情日本政府采取了一视同仁的政策，发放了人均 10 万日元的补助金。

对 AI 而言，提供针对每位用户的个性化服务，以及精准的产品推送是轻而易举的事情。在应对个人自身的问题的同时，如果提供渠道让人们能够为解决社会问题出言献策的话，许多人就会自发地参与进来。

这种互助关系若要长久则需要一套有效的激励机制。其中 Web3 相关的技术可谓是舍我其谁。例如，Web3 型地图的供应商蜂箱地图就给参与地图制作的用户发放相应的通证作为激励。假如事先规定了所提供协助的工作类型、工作量与通证的兑换关系，采用智能契约的程序，就可以自动兑付相应的通证作为激励。如果这样的激励机制得到落实，应对社会问题的行为模式变革则能够一日千里。

希望进入"社会贡献度高的企业"的应届毕业生之所以增加，正是因为在日本社会中人们服务社会的意愿增强了，应对社会问题的意愿空前高涨。

⊕ A——效果的可视化

"BASICs"框架的第二个要素是"A"。"Accountability"通常被译为"说明责任"。众所周知，该词是"Count"一词的派生词，包含可算的含义。在我们解决社会问题的过程中，措施效果的可视化、可计量化是十分必要的。

以前文中提到的 10 万日元补助金为例，有多少户人家因这笔现金得到了救济？又有几成人家仅是将这笔钱转为了存款？到手的补助金用到了何处？我们有必要跟踪资金流向，评估补助金政策的效果。

截至目前，评估政策效果所需要耗费的成本是个无法忽视的问题。随着数字化的深入，可以大幅削减评估政策效果的成本，随之而来的是数据的积累。这有助于我们准确地分析政策收益，查询政策信息。

在数字化的初期阶段，我们恐怕只能借助智能手机进行一些简单的问卷调查。随着数字货币与 IOT 设备相结合，我们就能实现更准确地评估政策的效果。若能在此基础上利用应用程序接口（Application Programming Interface, API）的话就可以将其他有关信息一并纳入进行评估。

实现了效果可视化之后，就可以找到需要优化的问题，进而就可以运用 AI 自主学习模型，不断地优化政策。

在实现了可视化之后，企业易于在金融市场上筹集资金。资金越充裕，提供的服务也相应地更到位。服务越周到，越容易募集更多的资金。这就是金融的成长模型，也是放大投资效果的金融杠杆。筹措资金并不是最终目的，资金运用中尚存余裕的话，就可以用于扩大产业规模。

虽说在公共服务执行的过程中市民是拥有监督权力的，但是如果公共服务的收益人不确定，责任方也不明确，随之而来的就是工作执行的拖延与迟滞。

在日本，有些批评将政府的公共服务称为"箱子行政"。

所谓"箱子行政",指的是只管基建不顾维护的公共服务。政府只顾兴建行政大楼、学校、公民馆、博物馆、主题公园,但是不关心公共设施的运营及维护,以至于造成财政的负担。应对社会问题的政策应该避免此类虎头蛇尾的情况。

社会事业的项目中,企业应遵守对投资者的承诺。因而"Accountability"的含义中也包括"责任"。

⊜ S——规模化与持续优化

常言道"勿以善小而不为",人们往往认为社会公益应该从自己的身边做起。这种想法十分高尚,但是社会公益活动的规模越小,越难以从中获利,由此事业陷入困境的例子不在少数。如果有意解决社会问题的话,应该做的是扩大公益活动的规模。扩大事业规模的一个有效手段是 AI 自主学习模型。随着事业规模的扩大,就可以从中获利,公益活动就能可持续地运转起来。

"BASICs"框架的第三个要素"S"指 Scale & Continuous improvement,意为规模化与持续优化,即应该重视事业的深度与广度。为了实现事业的深化与扩展,就需要采用 AI 自主学习模型进行。

关于社会事业的思考应该将 AI 自主学习模型置于核心战略位置。应预见到在事业发展壮大的过程中,哪些是必备条件，哪些又是必经之路。采用 AI 分析所收集的数据，不断地改良优化，这是将设想落到实处的必由之路。如此一来，"炒锅曲线式"的指数级增长就有可能实现了。

例如，前面介绍了大和运输公司在作业流程中采用的 MLOps 系统，该系统就能通过 AI 算法迭代提高经营效率。这类似美国的科技巨头常用的经营模式，越发地受到日本政府与民间企业的关注。我们前面介绍过，这类经营模式能带来复利式的高速成长。

扩大规模的关键在于在极力降低边际成本的同时选择适宜的平台，并采用有利于扩大规模的经营方法。边际成本是经济学用语，是指扩大生产时所需追加的成本费用。选择边际成本低、涉及面广的平台，AI 自主学习模型就能更快地优化迭代，"炒锅曲线式"的指数级成长就不难实现。

然而，农业生产的边际成本通常是线性递增的，随着生产扩大，生产资料不断追加，生产效率反而是降低的。因此，只有在以软件作为生产资料的前提下，才有可能大幅降低边际成本。软件的复制几乎不耗费成本，基本可将边际成本视为零。以往若想拓展业务面，扩大经营规模，相应的成本投入是不可避免的。如今因智能手机与软件走进千家万户，带来了改变的契机，拓展业务与扩大经营的条件为之一变。换个角度看，拓展业务与扩大规模是以智能手机与手机应用普及为前提的，这又要求使用软件来设计优质的服务程序。

为应对这样的需求，前面提到的敏捷型的开发模式是必须的。这是一种小团队全天候待命，在较短的时间内频繁迭代与发布新版本的开发模式。

与之相对的开发模式是瀑布型开发。该模式要求在项目初期做好全局的规划，此后按部就班地推进项目。意如其名，正如流水从高处落到低处，是一种逐级推进的开发模式。敏捷型开发给人随机应变的印象。与此不同，瀑布型开发虽然给人以稳步推进的印象，但是面对瞬息万变的开发环境，其效率则会大幅降低。往往在按部就班的过程中，程序已经脱离了实际的需求。这样的情况数不胜数。

⊕ I——维持运营的营利性

第四个要素"I"指的是维持运营的营利性。

社会上有一种观念认为社会公益赚不了钱，也不应该以公益活动牟利。

因为受到这种社会观念的桎梏，形成了一种价值观上的对立：以营利为目的的是民间企业，而公益活动应该全心全意地回馈社会。这种对立的世界观就决定了社会公益活动要么建立于自我牺牲式的觉悟之上，要么就只是小规模的，仅能提供自我感动的情感满足。无论哪一种都吃力不讨好，因而陷入无以为继的境地。因此所要面对的社会问题往往被束之高阁，最终积重难返。

解决社会问题的付出应该获得相应的回报。"SDGs"是"Sustainable Development Goals"的缩写，意为可持续的发展目标。保证发展持续性的是利润。投资获利之后才会寻求追加投资，人工费、设备费等的开销才能得到保证。

不应将营利与公益二者对立起来，二者之间存在交集，应该融合发展。社会事业既有公益的属性也有商业的属性。投资者是当事方。想要获得更多融资就需要更高的收益，即必须营利。因存在营利的可能，分红的诱惑吸引更多投资者入局提供资金，于是社会事业就能顺利开展，经年累月的优化和改良之后，最终人们就有可能解决棘手的社会问题。

能够为我所用的有利条件有 Web3 时代的价值观转变，以及 DAO、NFT 与 STB 通证、AI 自主学习模型等新技术。除此之外，日后有利于解决社会问题的各种 Web3 应用也如雨后春笋一般相继登场。现在营利与公益对立的社会舆论环境将会为之一变，我们将迎来营利与公益融合发展的时代。在这个时代，社会事业将成为一个新的经济增长点。

意识到这一变化趋势的人少之又少。社会事业目前还是个无人涉足的蓝海市场。如果有意愿投身这份事业的话，如今的各种条件已经成熟，可谓是入局的最佳时机。

⊕ C——数据价值化

最后一个要素"C"意为数据价值化。孤立存在的数据几乎不具备任何的价值。各式各样的数据相互组合，数据之间的关联才具有价值。组合与分析意味着复杂的运算，这恰好是 AI 的拿手好戏了。

数据之间的关联，就是我们解决社会问题的切入点，也是数据的价值之所在。数据中蕴藏着人类智慧无法预知的巨大价值。

例如，英国的深度思维公司（DeepMind）开发的 AI 可以根据老年黄斑变性这种眼疾的病程预测患者失明的可能性。该公司让 AI 分析患者视网膜照片的数据集，从中寻找黄斑变性与失明等严重眼疾之间的关联。在此基础上根据 AI 的分析结果，可以准确预测此后半年内眼疾严重恶化的可能性。据悉在疾病预测准确度上，AI 分毫不逊于眼科临床医生。AI 能轻易找出人类所难以注意到的数据间的弱关联。

自从有了 AI 的技术手段，就能从数据的排列组合中获得更多新发现，从而创造出更多的价值。因而不同来源的数据（大数据）是十分必要的。这些数据中的一部分可能是不准确的，也可能有一部分是书面形式的，亟待进一步数字化。如前文我们提到了 AI 工厂的良性循环的实现方法，统一数据的形式，并集成于一个统一的平台是十分必要的。

　　这里还有一个实际案例。通过对大数据的分析，日本几乎解决了空置住房处理难这一社会问题。如今空置房不断增加，已然成了一个社会问题。根据日本总务省 2018 年公布的《住宅·土地统计调查》报告，全日本的住宅空置率达到了13.6%，达到历史最高值。

　　在日本人口减少的大背景下，空置住房增加是自然趋势。但是好端端的房屋就此荒废也不是个办法。缺乏管理而空置的房屋会影响周围的居住环境，进而可能导致该地区的治安恶化。

　　为了防止此类问题发生，第一时间掌握房屋空置情况就显得尤为重要。但实际操作的过程中，如何判断房屋是否空置是个难题。人去楼空的空置房，指望住户自主申告房屋空置情况自然是不现实的事情。

　　截至目前，各地方政府只能派遣公务员或委托企业实地走访进行调查。

　　这种方法效率较低，一间房子看似空置，实则只是房主临时外出。另外，走访调查耗时费力，而且难以及时获得调查结果。

　　日本群马县前桥市从大数据中挖掘价值，借助 AI 对当地的房屋空置情况有了更深入的了解。该市将纸质档案及 PDF 文件数字化，再结合自来水局与纳税的记录，一并交给 AI 分析，由此省时省力地掌握了当地的房屋空置情况。关于前桥市的具体做法，本书的第 2 部分将进行介绍。

因对当地房屋空置率有了更及时的把握，地方政府就能基于数据科学地拟定政策，同时也能更好地向当地居民说明政策的必要性。纸质的档案难以直接用于分析，数字化能使之便于查询与分析，前桥市的案例就充分体现了大数据的优势。

亚马逊是 AI 牵引型企业的典型代表。其创始人杰夫·贝佐斯于 2002 年向全公司的软件工程师发布了一份名为 *Bezos API Mandate*（《API 指令》）备忘录。在备忘录中有这样的规定：

所有的数据不得经由互联网公开；

不允许任何形式的后门；

服务接口对全球的软件工程师开放；

不遵守上述规定者一律开除。

备忘录文末的"Thank you; have a nice day!"也许是贝佐斯式的幽默，但是从中不难推测出亚马逊对 AI 技术坚定的支持态度。

⊕ 区块链技术使数据的收集与管理更加便捷

日常生活中我们不免遇到各种各样的人，例如因各持己见而拒不合作的人，又如因不熟悉而互不信任的人。想要将林林总总的信息汇于一个平台方便 AI 进行分析的话，这离不开 Web3 技术。

沃尔玛（Walmart）加拿大分公司基于区块链搭建了一个

操作平台，实现了物流全流程的自动化管理。

沃尔玛和物流公司之间并没有无条件的信任关系。即便是沃尔玛这样的大企业，做生意也需要精打细算。如果仅将物流公司提供的数据上传至沃尔玛的系统中，那么沃尔玛就需要对物流相关的数据进行最终核对。

假设物流公司统计的送货里程与沃尔玛预估的里程有出入的情况，沃尔玛的系统很可能会偏袒自己的公司，做出有利于自己的判断。尽管如此，凭人力目视核对所有的账单，也是十分耗费人力成本的。

根据 2022 年 1 月出版的 *Harvard Business Review*（《哈佛商业评论》）杂志报道，每一年加拿大的沃尔玛的门店要从自家配送中心调货约 50 万次。账单上记载了送货的地点、距离、燃料、气温等信息，但由于沃尔玛与约 70 家物流公司有合作关系，且各家的数据形式不同，因此七成的核对工作都依靠人工核对。

为此，沃尔玛基于区块链搭建了一个操作平台，用于对报价、收货、支付的物流全流程进行自动化管理。区块链中保存的数据无法篡改，因而这是一个沃尔玛与物流公司双方都能放心使用的平台。

🌐 BASICs 框架与 Web3 相得益彰

通过上述的介绍，各位读者应该已经意识到了，BASICs

框架与 Web3 可谓是相得益彰（图 5-2）。

BASICs 框架		Web3
Ⓑ 行为模式变革		Ⓑ 依托区块链中的获利展开行动
Ⓐ 效果的可视化		Ⓐ 信息公开可监控
Ⓢ 规模化与持续优化		Ⓢ 从全球各地广纳贤才
Ⓘ 维持运营的营利性		Ⓘ 降低运营成本，以通证作为报酬
Ⓒ 数据价值化		Ⓒ 基于互联网大数据开发新算法

图 5-2　BASICs 框架与 Web3 相得益彰

资料来源：ExaWizards。

首先是 B（Behavioral change），可以运用区块链技术，以通证作为激励促成行为模式的变革。社会中的每一个人都可以参与其中，社会问题的解决也就指日可待了。

BASICs 框架的第二个要素 A（Accountability）指效果的可视化，区块链中的信息都是公开可监控的，这点正好符合可视化的要求。此外，区块链中的信息是去中心化管理的，这也有利于监管。

而后是代表规模化与持续优化的 S（Scale & Continuous improvement），这就要求我们通过互联网从全球各地广纳贤才。

保障事业顺利开展的营利性也十分重要。BASICs 框架的第四个要素 I（Income with profit）即指这一点。在 Web3 的技术背景下，我们依然可以使用通证作为报酬，降低组织与项目的运营成本。

最后的 C（Cultivate data value）即赋予数据价值。有了 Web3 的技术手段，我们能在保障个体或团体的数据所有权的前提下，通过互联网收集的大数据中蕴含着巨大的潜在价值尚待开发。

🌐 AI 自主学习模型的利与弊

在本章的最后一节我们来谈谈 AI 的可能性与弊端。

现在的 AI 多是为了特定目的开发的，仅能用于如图像识别、自然语言处理、语音识别等单个特定领域，即弱 AI。与此相对，能够以接近人类的模式处理多种问题的 AI 被称为强 AI。近年来，我们在这方面也取得了一些成果。

前文我们提到的 DeepMind 公司因参与新型冠状病毒疫苗的研发而名声大噪。该公司所开发的 AI 能用于应对多种场景。例如，击败人类职业围棋选手的 AlphaGo，成功预测新型冠状病毒蛋白质折叠结构的 AlphaFold2 都是该公司的得意之作。此外还有 RTS 游戏《星际争霸 2》中的 AI 机器人"AlphaStar"、眼疾的影像诊断系统、用于急性肾损伤早期发现的医疗预测系统、预测球员跑动与足球运动方向的运动跟踪系统等。DeepMind 公司目前是谷歌的母公司 Alphabet 旗下的全资子公司。谷歌数据中心的节能系统也用到了该公司开发的 AI。

十几年前，几乎没人能预料到今日 AI 的价值。若干年后，AI 自主学习模型也很可能在如今人们不曾想象的领域取得巨大的突破。

那么，AI 的弊端又有哪些呢？综上所述，AI 自主学习模型极具威力，它颠覆了规模化生产模式创造价值的基本逻辑。其能量之大，可以用于解决许多至今悬而未决的社会问题。后者在以往的商业逻辑中通常被归入无利可图、费力不讨好的范畴。

但是 AI 也并非百利而无一害。AI 自主学习模型若强到无法遏制，同样可能带来新的社会问题。几家科技巨头独步天下的影响力就是例证。

有人可能认为"对于科技巨头，动用反垄断法制裁他们就好了"。事实并非这么简单。

首先，反垄断法不禁止市场的垄断状态。该法律用于限制不正当竞争、保障市场的自由竞争。科技巨头通过正当的竞争手段获得的市场垄断地位，除了极少数例外情况，通常是无法以反垄断法加以干预的。

其次，反垄断法的最终目的之一在于保障消费者的权益。在传统的市场竞争关系中，若竞争烈度较低的话，企业的竞争力与创造力都会降低，随之而来的就是质量低劣与价格上涨，这对企业的下游用户及终端消费者而言都是不利的。但是 AI 牵引型企业则不然，用户越多，AI 自主学习模型就越聪明，服务也就越优质。消费者能以相同的价格购买更优质的服务或更高性能的产品。科技巨头越接近垄断地位，其用户利益不仅不会受损，用户人数反倒可能不断增加。因此，为传统型市场竞争关系制定的反垄断法，用于高科技行业则水土不服，因而对反垄断法适用性存在较大的舆论分歧。

在本书中，一而再地提到了 Web3 去中心化的重要性。若将数据的所有权归还给所有者，由其决定数据的去向的话，这样的社会也许能遏止 AI 的弊端。

总而言之，Web3×AI 时代前程似锦。

第 2 部分

以 AI 解决当前社会的十大问题

第 6 章

当今社会亟待解决的十大问题

随着 Web3 的热度提升，人力、物力、财力纷纷向相关领域集中，随之而来的是技术的快速进步。美国的著名风险投资公司安德森·霍洛维茨基金出具了一份题为 *State of Crypt* 的报告。报告指出，近年与 Web3 相关的开发项目总数，以及对相关的初创公司的投资次数均创新高。

也许有些读者会质疑其中"泡沫"的比重。我们无法否认其中存在泡沫，但是实际上人力、物力、财力纷纷涌向这一领域也是不争的事实。若想发动一场撼动当今社会的运动，就需要大量的资源。其中的一部分确实有可能成为泡沫。若回顾 Web1.0、Web2.0 时代，我们会发现历史总是惊人的相似。现在就是变革的最佳时期。

在第 4 章中提到，Web3 与 AI 自主学习模型相结合的模式不失为应对各类社会问题的解决之道。每个人主动地参与社会大生产并产生海量的数据，各式各样数据富集于同一个以

Web3 技术为基础的平台，用于训练 AI 自主学习模型。如此一来，就可以突破传统规模化生产模式的上限，创造更多的价值。

Web3 反映的是"从物质的富足到精神的富足"的价值观转变。这种价值观的转变也将大大推动解决社会问题的进程。

【目标 1】无贫穷：在全世界消除一切形式的贫困

【目标 2】零饥饿：消除饥饿，实现粮食安全，改善营养状况和促进可持续农业

【目标 3】良好健康与福祉：确保健康的生活方式，促进各年龄段人群的福祉

【目标 4】优质教育：确保包容和公平的优质教育，让全民终身享有学习机会

【目标 5】性别平等：实现性别平等，增强所有妇女和女童的权能

【目标 6】清洁饮水和卫生设施：为所有人提供水和环境卫生并对其进行可持续管理

【目标 7】经济适用的清洁能源：确保人人获得负担得起的、可靠和可持续的现代能源

【目标 8】体面工作和经济增长：促进持久、包容和可持续经济增长，促进充分的生产性就业和人人获得体面工作

【目标 9】产业、创新和基础设施：建造具备抵御灾害能力的基础设施，促进具有包容性的可持续工业化，推动创新

【目标 10】减少不平等：减少国家内部和国家之间的不平等

【目标 11】可持续城市和社区：建设包容、安全、有抵御灾害能力和可持续的城市和人类社区

【目标 12】负责任消费和生产：采用可持续的消费和生产模式

【目标 13】气候行动：采取紧急行动应对气候变化及其影响

【目标 14】水下生物：保护和可持续利用海洋和海洋资源，以促进可持续发展

【目标 15】陆地生物：保护、恢复和促进可持续利用陆地生态系统，可持续管理森林，防治荒漠化，制止和扭转土地退化，遏制生物多样性的丧失

【目标 16】和平、正义与强大机构：创建和平、包容的社会以促进可持续发展，让所有人都能诉诸司法，在各级建立有效、负责和包容的机构

【目标 17】促进目标实现的伙伴关系：加强执行手段，重振可持续发展全球伙伴关系

● 由联合国提出的 17 个可持续发展目标。

🌐 与 SDGs17 目标对应的十大社会问题

我们将各式各样公共领域的矛盾统称为社会问题，涉及非常复杂的社会关系。联合国在 2015 年提出的"可持续发展目标"由 17 个大项与 169 个细项构成。近来"SDGs"一词越来越多地出现在媒体与公众的讨论中。SDGs 旨在以经济发展的方式应对和解决社会问题。17 个大目标中包括如"促进各年龄段人群的福祉""促进持久、包容和可持续经济增长""应对气候变化""消除饥饿"等多个方面的内容。

但是 SDGs 的这 17 个目标还是过于空泛，难以联系实际。

这里结合日本社会的实际情况，将这 17 个目标分为"保障身心健康""持续应对环境变化""强化区域经济"三大课题，对应着十大社会问题。具体如下。

保障身心健康

①应对重度老龄化社会；

②优化医疗资源配置，应对大流行病；

③关注民生福祉；

④迎接工作模式的转型。

持续应对环境变化

①应对气候变化；

②节能减碳；

③避免粮食短缺危机。

强化区域经济

①保障供应链，促进发展；

②刺激地方经济，扶持中小企业；

③实现可持续的生产与制造。

▣ 现实案例中 BASICs 框架的效用

下面我们分享一些致力于解决社会问题的现实案例，其中有很大一部分与第 1 部分介绍的 BASICs 框架不谋而合。面对各色社会问题，运用 AI 寻找全新的解决之道是这些现实案例的共同之处。换个角度来说，这也正好说明在应对社会问题过程中 BASICs 框架是不可或缺的部分。

这些应对社会问题的实践是极具代表性的先进案例。但是在 BASICs 框架之外，一定还有一些其他的要素能帮助我们更进一步，乃至彻底地解决社会问题。因此希望各位读者也能辩证、独立地看待既有的案例。截至今日，Web3 尚未投入商用，运用相关技术应对社会问题的案例并不多。本书仅从解决社会问题的角度出发，介绍诸如元宇宙等近年出现的一些积极案例。待 Web3 得到普及之后，面对相同的社会问题又会出现哪些新办法依然是个值得研究的课题。

本书介绍的案例当中有一部分在 PoC 阶段就惨遭失败，也有一些在商业推广的过程中最终因经营不善而无以为继。关

键不在于最终的成败，而在于如何找到应对办法，以及在 PoC
及商业推广阶段应该注意哪些问题。

利用 AI 自主学习模型获得大量财富、招揽大量人才的美
国科技巨头如今也纷纷入局 Web3。美国消费者新闻与商业频
道（Consumer News and Business Channel, CNBC）2022 年 5 月
的报道称，谷歌公司计划在云端事业部门组建一支 Web3 开发
团队，致力于开发区块链相关的应用软件。此前，美国的脸书
于 2021 年 10 月将公司名称正式变更为元宇宙（Meta），这显
然是全力投注元宇宙的起手式。

很快 Web3 将成为一股不容忽视的潮流，这也正可以说明
以 Web3 技术解决社会问题的实践大有可为，其中蕴藏着巨大
的商机。

需要意识到的是，在 Web3 的时代我们将要面对的社会问
题绝对与今日有所不同。

AI、DX 等 Web3 的技术手段已经蓄势待发。变革当前，
每个人面对社会问题都责无旁贷，为公司或组织出谋献策的一
腔热忱是成功的关键。在大家所供职的公司，以及所在的社区
中有没有亟待解决的问题呢？希望各位读者带着这样的问题意
识阅读本书的第 2 部分。

第 7 章

保障身心健康

　　"保障身心健康"的大课题中包含四类具体的社会问题，分别是：①应对重度老龄化社会；②优化医疗资源配置，应对大流行病；③关注民生福祉；④推动工作模式的变革。

　　在日本社会所面对的诸多社会问题中，"应对重度老龄化社会"的重要性不言而喻。根据日本厚生劳动省发布的《令和 2 年（2020 年）版厚生劳动白皮书》中的数据，1990 年日本的老龄化率为 12.1%，而在刚刚过去的 2019 年已经达到了 28.4%。另据《令和 4 年（2022 年）版高龄社会白皮书》的预测，到 2036 年每 3 个日本国民中，就有一个是老人。

　　此外，《令和 4 年（2022 年）版高龄社会白皮书》还指出，1950 年的老龄人口（65 岁以上）与劳动人口（15~64 岁）的比例为 1 ： 12.1，到了 2065 年该比例可能达到 1 ： 1.3。曾经日本每 12 个年轻人赡养一个老人，而 40 多年后赡养一个老人的压力只能由一个年轻人全部承担。

　　显然，日本劳动者肩上的养老负担越来越重了，所带来的社会问题也并不仅仅局限于养老保障这个单一领域。城市中的老龄化问题尤为严重，不同年龄层通常选择不同社区居住，随之又产生老龄化集中的问题。老龄者聚居的一些区域已经出现了基础设施维护困难等问题。

　　"优化医疗资源配置，应对大流行病"也是当前紧迫的课题之一。直至今日，人类还得面对各种不治之症。这就要求我们不断提高医疗的水平，优化医疗资源的分配。尽管我们在这方面付出了诸多努力，但是例如新冠病毒等全球性大流行病依然难以避免。因此，直接用于疾病治疗的医疗支出自然是不能削减的，而用于传染病预防的医疗支出也是同样成本高昂。开发疫苗及特效药以预防疾病传染，这是控制社会医疗成本的必由之路。

　　即使产业与企业迅速成长，身处其中的每个个人若无法拥有充实的人生，这样的社会就很难说是健康、和谐的。使每个社会成员在身体、心灵、社会、经济等多个维度获得满足，才可能构筑和谐社会。对一个社会而言，"关注民生福祉"是十分重要的课题。

　　排在最后一个的是"推进工作模式的变革"。近几年人们的工作模式发生了巨变。远程工作的模式越来越普及，通过视频会议以零接触的方式推动项目的事例也屡见不鲜。日本政府也开始呼吁改革工作模式。为了响应政府的号召，各大企业也开始尝试采用灵活且高效的工作模式。新冠疫情之后，全员齐聚办公室的场景已经一去不复返。今后的工作模式变革的重心有两个，其一是改良数字化生产工具以提高远程工作的效率，其二是软件及平台的设计要求体现团队一体性。

这四个课题中的前三项——①应对重度老龄化社会；②优化医疗资源配置，应对大流行病；③关注民生福祉——都高度依赖 AI 自主学习模型与消费端数字技术的开发。例如，医生、护士及养老护理员等的医疗护理人力资源十分有限，因此如何分配人力资源、如何提高医疗第一线人员的工作效率是问题的关键。

不同的 AI 初创公司往往各有所长。在药物的研发过程中，各大药企也开始寻求与这些初创公司的合作。在自动驾驶及内容创意等行业内，这些初创公司也充分发挥了催化剂的作用。

最后要关注的是④工作模式的变革。我们应该如何面对新冠疫情带来的新常态呢？普及 Zoom 等视频会议软件只是其中一部分的工作。面向未来，促进企业及全社会变革的 DX 是工作的重中之重。

① 应对重度老龄化社会

⊞ 美国的傲纳科技（Honor Technology，Inc.）

> 在 AI 平台上匹配养老护理员与需要服务的老人。

在养老护理行业中，老龄人口增加与劳动力不足的问题同时存在。该行业的经营者应该在 BASICs 框架下基于 AI 自主学习模型可持续地创造社会价值，因而如何运用 AI 是个亟待研究的课题。下面我们介绍一下美国傲纳科技的案例，分享"应对重度老龄化社会"这个头号社会问题的成功案例。众所周知，硅谷的 AI 产业十分发达，傲纳科技的总部位于美国的硅谷，是一家借助 AI 自主学习模型及相关技术来提供家庭护理服务的公司。

傲纳科技创立于 2014 年，总部位于美国旧金山，是一家借助 AI 技术来提供家庭护理服务独角兽公司。

该公司借助自主研发的 AI 养老护理平台，为其他家庭护理的服务供应商（如劳务派遣公司）提供包括养老护理员招募、聘用、研修、任务派遣、劳务费结算在内的一系列管理服务（图 7–1）。

傲纳科技拥有大规模的受训养老护理人才储备，其他家庭护理服务的供应商在成为傲纳科技的合作伙伴之后，就可以直接借调傲纳科技的养老护理人才以提供个性化的家庭护理服务，从而提高服务满意度。

随着客户满意度不断提高，傲纳科技开发的 AI 养老护理平台就能获得更多客户的青睐，于是更多从事家庭护理服务的供应商与从业者表达了加入该平台的意愿。从中源源不断获取的数据能不断地提高服务品质，开发新的服务项目。这就是养老护理行业中运用 AI 自主学习模型的成功案例。

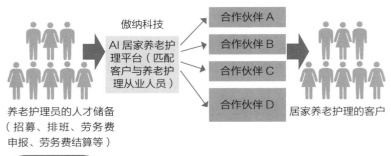

图 7-1 美国傲纳科技的 AI 战略。为了提供高品质的养老护理服务，构筑了联系养老护理员与养老护理服务的供应商的 AI 平台。图中所示是为养老护理员开发的应用程序（左）与管理者用的页面

资料来源：傲纳科技的公司主页。

独家算法实现高精度匹配

在以往的派遣服务当中，养老护理员特长与客户需求不匹配的情况是个大问题。此外，劳务派遣公司的经营者往往难以及时知悉养老护理第一线所发生的矛盾与纠纷。

不同客户对家庭护理服务的需求各不相同。假如有一位家住旧金山的日本老人。这位老人对养老护理员的需求很可能

是这样的：同样家住旧金山近郊，并且能说日语。

傲纳科技开发的 AI 算法能基于养老护理员的定性数据（语言、人种、兴趣嗜好、所在地区等），为客户匹配更合适的养老护理员，以此实现个性化的服务。

在专门为养老护理员开发的手机应用程序中，不仅可以显示排班表，还可以显示客户的情况、所需要提供服务的项目清单等信息。通过提高匹配精度，不仅更好地满足了客户的需求，还可以降低养老护理员的工作负担，并获得更高的客户评价。

另外，傲纳科技的 AI 平台也会收集客户的反馈信息。客户对于服务流程的描述、满意度等公正的服务评价有助于改善此后的服务品质。同时，客户的留言及评价也会同步地显示在养老护理员一端的应用软件中，从而有效地调动了从业人员的工作积极性。

傲纳科技的全套方案几乎涵盖了 BASICs 框架的各个要素，其中借助 AI 自主学习模型促成行为模式变革所取得的成果尤为亮眼。

雄心勃勃的成长规划

AI 若剥离了数据不过是一具躯壳，正是数据使 AI 获得了智能。

傲纳科技的目标是携手全美自主经营的家庭护理服务经营者，协助其手下的养老护理员与客户的家庭获得联系，并借此获得一手的养老护理相关数据。傲纳科技的成功关键就在于成功地实现了上述目标。随着入局时间越来越长，在养老护理人才与客户配对的算法上，其他的竞争者就越发地难以超越拥有独家 AI 自主学习模型的傲纳科技。

傲纳科技的 AI 发展计划极具战略眼光。为了获得数据，该公司为从事家庭护理服务的经营者提供了数字化的技术支持。这正是后者的短板之所在。

傲纳科技虽是一家提供养老护理服务的公司，但旗下却拥有一支人数众多的工程师团队。其中设有数据科学家、机器学习工程师、应用工程师、用户体验工程师等职位，并且不断面向社会招贤纳士。在该公司中，技术过硬的工程师团队，专业的养老护理人才，负责开拓市场、发展合作伙伴的营销部门三位一体，以提供完善的服务体验。

从事家庭护理服务的劳务派遣公司通常将专业且细致的护理服务视为公司的核心竞争力，至于手下养老护理员的工作日程管理等琐碎的工作巴不得统统外包出去。恰巧傲纳科技能提供这部分的服务，于是许多劳务派遣公司便纷纷寻求接入傲纳科技的护理平台。

在 21 世纪，一成不变的规模化生产模式已经难以顺应时代的潮流，取而代之的是基于 AI 自主学习模型而提供的个性化服务。这一点是绝大多数家庭护理服务经营者很难意识到的。

一般的经营者甚至不曾考虑搭建自家的 AI 平台。他们只是想把养老护理业务之外的全部杂务抛给傲纳科技来处理。但未曾想，原本只是外包出去的"杂务"，实质上却是养老护理行业的新兴增长点。

正如谷歌之于互联网用户一样，傲纳科技也拥有光明的发展前景。该公司有望在家庭护理这一行业内获得极高的行业影响力。2021 年，傲纳科技一举收购了美国家庭护理服务巨头 Home Instead。后者在美国、日本等全球 14 个国家拥有 1200 个服务点，旗下的养老护理员多达 9 万人。

问题的关键并不是"凭借手中现有的数据如何赋能 AI"，而应该是"为了赋能 AI，应该如何获取数据"，AI 的规模化显得尤为重要。

为实现 AI 的规模化，经营者必须突破单一公司、单一行业等的桎梏。这一点正好符合 BASICs 框架中所提到的规模化要求。小处着手、边走边看的经营策略是不可行的，我们需要的是在创业伊始制订一个雄心勃勃的计划。

🌐 中国台湾的智龄科技（Smart Ageing Tech Co., Ltd.）

> 运用 AI 技术为老年人提供包括用药监测、药物副作用警报在内的定制化养老护理服务。

亚洲国家和地区同样面对着老龄化社会带来的冲击。台湾大学孵化的初创公司智龄科技于 2018 年创立。该公司运用 IT 与 AI 的技术储备，为从事高龄老人养老护理服务的从业人员提供技术支持。其主要服务对象是养老院等的养老机构。基于 AI 平台收集的各种数据，公司为高龄老人量身定制了多项养老服务。

本部位于台北市的智龄科技有限责任公司，是一家为养老服务供应商及从业者提供 AI 解决方案的初创公司。公司成立于 2018 年，并于 2019 年推出了高龄老人护理服务平台"Jubo"。

"知识图谱""机器学习""机器视觉（图像识别）""自然语言处理"等前沿技术的运用

智龄科技是台湾大学土木工程系康仕仲教授牵头，台湾大学孵化的初创公司。前一节中介绍的傲纳科技的客户主要是提供家庭护理服务的劳务派遣公司，智龄科技的客户则主要是提供高龄老人养老服务的养老机构（图 7-2）。

智龄科技的推出的 Jubo 平台是建立在"知识图谱""机器学习""机器视觉（图像识别）""自然语言处理"这四大技术基础之上的。知识图谱是将从各种渠道获得的信息体系化的技术，能从海量的数据中发现新的关联。机器视觉技术则被用于辅助伤口辨识，方便护理人员评估愈合所需时间。

智龄科技所做的就是利用尖端科技来改变养老护理的行业。2020 年 6 月，担任智龄科技首席执行官（Chief Executive

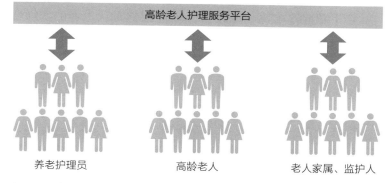

图 7-2　智龄科技的 AI 战略。收集平台上的所有参与者的信息用于集中分析，
并运用 AI 为每位平台上的所有人提供服务

资料来源：结合智龄科技的公司主页信息制作。

Officer, CEO）的康仕仲教授接受了日本经济商业周刊《1 分钟了解企业家的历程》栏目专访。在谈及创业动机时他回答道："我正在将研究成果转换成具有商业价值的服务。"

该服务的对象既是接受养老护理的高龄老人，同时也是提供养老护理服务的从业人员。为护理服务研发的小型手推车上集成了血压仪、额温枪、血氧仪等设备，并可以安装手机或平板电脑，便捷地将高龄老人的生理数据上传 Jubo 平台。

借助 AI 监测临床数据并及时发出警报

智龄科技的 AI 平台 Jubo 能收集多种多样的临床数据，基于此能够改善现有服务或开发全新的服务。各项服务中极具代表性的一项功能是"照顾安全监测仪表板"。AI 用于监测指示患者各项健康状态的数值。

基于脉搏等多项临床数据，AI 能根据每位患者的实际情况发出警报。如此一来，在提高养老护理员的工作效率的同时，还能避免看错数值等的人为失误。除此之外，借助 AI 编撰患者护理计划的"护理评估"，借助 AI 记录护理工作情况的"护理员笔记助手"等多项功能也已经上线。

引人注目的一项功能是"AI 用药监测"。AI 能协助监测高龄老人的用药情况，自动判断药物是否会带来副作用。通过掌握每位患者的用药情况，AI 可以准确预判药物误服的风险。如果确实存在用药风险则会立刻向老人的监护人或药剂师发出警报。以往的情况下，老人的监护人或药剂师只能在看到药品名和剂量之后，凭借自身经验及药物说明书来判断药物的副作用。如今有了 AI 的介入，基于海量的用药数据，仅用区区数秒即可判断用药是否安全合规，大幅提高了工作效率。

智龄科技，以及前面介绍的傲纳科技都力图运用 AI 技术来彻底地解决当今世界上的社会问题。

社会的老龄化不仅仅是日本一国所要面对的社会问题。

据联合国于 2019 年 7 月发布的《世界人口展望》数据，截至
2019 年，全球人口中每 11 个人中有 1 个人是 65 岁以上的老
人（9%）；到 2050 年，这一比例将增加到每 6 个人中将有一
个人是 65 岁以上的老人（16%）。如何应对养老问题，是今后
不得不直面的一大社会问题。

🌐 日本的爱克萨科技（Exawizard，Inc.）

> 以 AI 分析高龄老年人的行走视频，使跌伤风险可视化。

AI 图像分析技术若应用于养老护理行业，可以有效地提高
老年人的生活品质。爱克萨科技的 AI 步态评估软件"CareWiz
Toruto"（意为"拍摄即分析"，下文简称为"Toruto"）可以
对高龄老人的行走视频进行 AI 分析，借此有效地减少了老年人
跌伤带来严重后果的情况，从而大幅提高了老年人的生活品质。
该项服务的最终目的在于减少政府在社会保障方面的费用支出。

随着年龄的增长，肌肉等各项身体机能都大不如前，腿
脚不听使唤，导致摔跤的风险大幅度提高。老年人因摔伤而卧
床不起的情况比较普遍。Toruto 可以安装在智能手机或平板电
脑上，对高龄老人的行走情况进行录像和分析，从而对步行的
稳定性进行评估。有了评估结果，医护人员可以更有针对性地
提出医疗及护理建议，如让患者开始使用助行器等。

Toruto 在评估的过程中主要分析"步速""平稳性""步频""对称性"四个步态指标。这里用到了 AI 的图像分析技术，用来追踪人体骨骼的关键节点。

评估的结果会以图像的形式呈现在报告当中。客户、养老护理员及医生可以在分析评估报告的基础之上提供预防摔伤的医疗建议。

医疗建议可能是这样的："您的步子迈不开，平时注意尽量迈开步子走。"软件的评估结果和医疗建议也可以整理成一份报告发送给老人身处异地的家人。

这些医疗建议也包含了专业理疗师的意见，因而对于高龄老人行走稳定性的评估也更加全面。

通过可视化改变老年人的观念

Toruto 不仅满足了 BASICs 框架的各个要素，而且还践行了 B 要素（行为模式变革）、A 要素（效果的可视化）和 S 要素（规模化与持续优化）。

尽管存在摔伤的风险，但是坚决认为自己不需要助行器辅助的老年人发生意外更多。如果能向老人展示评估所得的数值的话，就有利于老人认识实际情况并配合医护人员的工作。同一机构的工作人员之间也能方便地共享老人的实际身体情况。

摔伤风险的降低，意味着老年人能长期自食其力，实质上提高了生活的品质。因而高龄老人就更有意愿使用 Toruto 了。

只要手上有智能手机或平板电脑就能很轻松地安装和使用 Toruto，因而养老设施及一些公共团体若选择使用该系统，很容易地就能形成规模。通过定期地使用 Toruto 进行步态评估，并配合相应医疗指导，有望持续改善老人的健康状态。

一些有条件的养老机构雇用了理疗师来为老人做步行能力的评估。但是为数十名高龄老人做评估依然是一件耗时费力的工程。如果有了 Toruto 这一工具，任何工作人员都能完成步态评估的工作。即便是高龄老人的家人，也可以借助 Toruto 录像分析老人步态，无须专人上门便能远程获得专业的医疗指导意见（图 7-3）。

实现健康延寿的"自主学习模型"

将来，在 BASICs 框架中，实现数据统合，赋予数据价值的实践 C 要素也离不开 AI 技术的支撑。

通过交叉分析每位高龄老人的档案与活动记录等信息，就能明确什么样的生活习惯有利于改善生活质量，为每位老人提供个性化的护理建议。这种工作如果能够坚持 1~2 年，就能够利用"自主学习模型"优化养老护理工作中的应对方案，继而提高回避风险的能力。

在养老护理行业，运用 AI 的 SaaS 服务不断进步意味着国家及地方政府能够节约社会保障方面的支出。这正是 SaaS 服务的最终 KPI。

在实际运用层面，神奈川县的藤泽市就采用 Toruto 的服

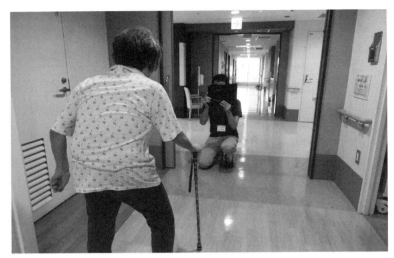

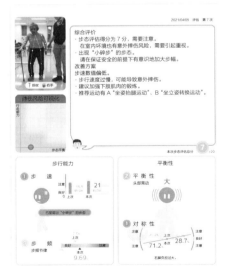

图 7-3　爱克萨科技的 AI 步态评估服务 "CareWiz Toruto"。运用 AI 的图像
　　　分析技术，检测人体骨骼关节点，分析步态指标

资料来源：爱克萨科技。

务。该市的多家养老服务设施使用 Toruto 来帮助市民提高生活品质，实现了健康延寿与成本投入的最优化配置。

🌐 日本的爱克萨科技（ExaWizards, Inc.）

养老护理第一线的语音记录 AI，帮助从业人员每年能节约 20 天的工作量。

在养老护理的第一线，要求每一个工作人员尽可能多地照顾入住的老人。人们对用于养老护理的 AI 抱以厚望。其中一例就是爱克萨公司开发的护理专用语音记录 AI 程序"CareWiz Hanasuto"，程序名意为"说话即记录"（该服务目前由 Care Connect Japan Inc. 提供）。

Hanasuto 正如其名，工作人员对着头戴式耳麦或对讲机说话，AI 能识别话语内容，并自动分门别类记录护理工作的情况。该服务于 2021 年上线，已有约 100 所的养老机构采用了这项服务。

在护理工作中，老人的饮食、排泄、用药、工作人员之间的交接等工作情况都需要一一留下记录。护理日志既是护理工作结算时的业绩凭证，对规定项目的记录也是后续开展医疗护理的必要条件。因此，记录工作就也成了工作人员的负担。据悉在实际的工作中，不少工作人员在护理工作结束之后还需要填写护理日志。

　　以往工作人员完成护理工作回到工作站之后，或要在工作簿上记录工作情况，或要在电脑端的护理日志系统中录入相应信息。自从有了 Hanasuto，上述的工作可以统统丢给 AI。

　　只需要对着耳麦说"某某老人，整份早餐，用餐完毕"，智能手机上安装的应用软件就能抓取护理的专业用词，自动生成和记录护理的数据。工作人员能在前往下一位老人房间的路上记录前一位老人的护理日志（图 7–4）。

图 7–4　爱克萨科技的"CareWiz Hanasuto"运用 AI 语音识别技术，帮助护　　　　理人员记录及确认护理日志，提高工作效率
资料来源：ExaWizards。

将消费级的应用创新引入护理第一线

　　提到语音助手，许多人用过苹果的 Siri 或谷歌的"Hey Google"吧？Hanasuto 就是将这类满足消费者需求的创新运用

到了养老护理的行业内。即使身处嘈杂的环境，AI 也能根据语音推测所要输入的文字并不断提高预测精度。同时，软件还针对非日语母语者做了优化，使之能识别外国从业人员的语音内容。

按照我们的计算，如果实行 8 小时工作制的话，采用 Hanasuto 之后每天能节约 40 分钟。可别小瞧了这区区 40 分钟。按照工作日 8 小时工作制计算的话，每年能节约近 1 万分钟，即约 20 天的工作量。在新型冠状病毒感染的阴霾之中，能以非接触式的语音输入完成工作记录更其另一大亮点。

在养老护理第一线使用 Hanasuto 能实现工作人员与入住老人情况的可视化（符合 BASICs 框架中的 A 要素）。统合分析获取的数据就能改善既有的护理流程并不断推出新的服务（符合 C 要素）。

每一天数据都会源源不断地产生并被记录下来。有了数据，小到每位工作人员，大到养老机构及养老护理行业的经营者就都能明确提高效率、优化配置的努力方向了。行业规模化带来的就是可持续的优化和发展（符合 S 要素）。

在这种正循环中，每一位工作人员就能应对更多的入住老人，这也就关系到了养老机构及工作人员的收入（符合 I 要素）。通过改变人的行为模式（B 要素），节省了记录工作情况的工作量，由此每位工作人员都有更多时间增加与老人的交流，这更有利于提高养老护理的品质。可以说，Hanasuto 这项服务充分地发挥了 BASICs 框架的优势。

② 优化医疗资源配置，应对大流行病

■ 英国的 DeepMind（Alphabet, Inc.）、中国香港的
英矽智能（InSilico Medicine Hong Kong, Ltd.）

> 以压倒性的 AI 算力打破依靠直觉与反复试错的研究模式。

英国 DeepMind 公司因其所开发的围棋 AI "AlphaGo"
战胜了韩国围棋国手而声名大振。实际上，DeepMind 公司对
于人类最大的贡献是准确地预测了病毒蛋白质的折叠结构。当
人们在 AI 上倾注心血，越多的数据投入就意味着越大的回报。

在新型冠状病毒肆虐全球之时，全球的经济与社会生活
一度陷入了瘫痪。起决定性影响的疫苗若能更早地开发出来，
人们就有办法抑制病毒的大范围传染。但是纵观人类的历史，
新冠病毒疫苗的开发进度之快可谓是史无前例的。脊髓灰质炎
疫苗的开发可是前后耗费了约 100 年时间。

据报道，DeepMind 公司充分发挥了 AI 的算力，解决了困
扰生物学界 50 年之久的巨大挑战，为疫苗开发做出了贡献。

在本书的第 1 部分我们也已提到，疫苗开发主要由 4 个
阶段构成：①病毒的蛋白质测序；②绘制病毒蛋白质的折叠结
构；③定位病毒蛋白质结构中的靶点；④合成靶向 RNA 小分
子阻断病毒的复制。

其中，②绘制病毒蛋白质折叠结构的工作尤为困难。但是这项工作依然只能依靠科研工作者的直觉和反复实验试错才有可能完成，这就意味着需要花费数年的宝贵时间。

DeepMind 公司开发的 AI"AlphaFold2"凭借超高算力反复试错并从中学习快速迭代。AI 仅花费了数小时就预测出了病毒蛋白质的折叠结构，全球的科研工作者无不为之惊叹。

现在，AlphaFold2 已经成功预测了新型冠状病毒的蛋白质折叠结构。另据介绍，此后该 AI 将被投入非洲昏睡病（非洲锥虫病）、恰加斯病（南美锥虫病）、黑热病（利什曼原虫病）等热带病的研究。今后在新型冠状病毒的特效药为首的各种药物的开发中，AlphaFold2 都有望大放异彩。

以 AI 挖掘海量文献中的价值

在疫苗开发的 4 个阶段中，完成③定位病毒靶点蛋白与④合成靶向 RNA 小分子两个步骤，需要参考海量的文献。英矽智能所开发的 AI 在分析文献这方面颇有建树。

关于病毒靶点蛋白与靶向 RNA 分子的研究持续了多年，到目前为止已经产出了海量的研究成果。但是，面对海量的科研产出，单凭一己之力无法通读所有的文献资料，更遑论一一记住文中的研究数据了。

随着自然语言处理技术的飞速发展，我们有了新的应对方法。英矽智能开发的 AI 能从海量的文献中检索出有用的数据，并通过软件模拟器进行数字仿真，最后将可能用于疫苗开发的 RNA 分子按照可能性高低排列出来。

　　随后研究人员的工作就是按照可能性从高到低的顺序对表列出来的 RNA 分子进行实验。在实验的过程中，实验室中的机器人和 AI 程序能按照研究人员预先设定好的实验流程 24 小时不间断地反复进行试验（图 7-5）。

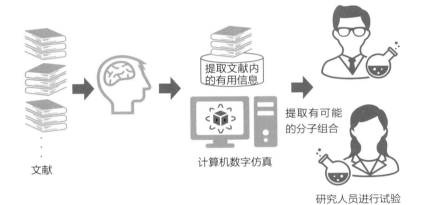

图 7-5　英矽智能运用 AI 自然语言处理技术查阅已有文献。AI 从海量文献提取
　　　　研究成果，帮助研究人员找到并合成靶向分子

资料来源：ExaWizards。

　　如此一来，即便一篇文献只有寥寥可数的几位读者，有了 AI 之后就能重新挖掘出其中价值。

　　DeepMind 与英矽智能两家的 AI 之所以能够大显身手，正是因为采用了自主学习模型并且不断迭代算法。对应到BASICs 框架中，反映的是追求规模并持续优化的 S 要素，以及实现数据统合并赋予数据价值的 C 要素。

AI 的多场景部署带来丰厚的营利

DeepMind 公司致力于开发能够适用于多种场景的 AI。正如本书第 1 部分所介绍的，该公司开发的 AI 在许多领域已经成功投入商用。

谷歌在全球各地都设有数据中心。这些数据中心内部署了 DeepMind 开发的 AI，用于节能系统的调度。该节能系统成功地帮助前者节省了可观的能源开支。随着这种应用场景丰富的 AI 的普遍应用，数据不断积累就能促使 AI 迅速迭代。通过扩大 AI 的应用场景，开发者也能获得更多的收益，这可能是解决社会问题的一个突破口。

🌐 英国的 Exscientia Plc. 及全球的各大制药公司

全球的水平分工使制药行业再无法脱离 AI 技术。

DeepMind 在被谷歌收购之后，加大了在制药行业的投入。全球的各大制药公司也主动寻求与 AI 初创公司合作，积极研发新药满足社会需要。因新药的研发难度不断提高，AI 的助力变得不可或缺，因而制药公司与高科技公司的合作关系应运而生。

在制药行业中，各大公司围绕着如何发现有市场前景的化合物这一问题展开了激烈的竞争。因此，各大制药公司纷纷寻找擅长大数据分析的初创公司并寻求合作，希望借此缩短药物研发的进程。

其中，就有一家名为 Exscientia 的初创公司。公司的创始人安德鲁·霍普金斯（Andrew Hopkins）教授任教于英国邓迪大学，对 AI 在药物研发中的应用有着深入的研究。Exscientia 为多家制药公司提供基于 AI 技术的药物研发指导。

Exscientia 构建了一个 AI 药物研发平台"Centaur Chemist"。该平台能将药物研发流程作为一个精密的工程，分为数据采集、机器学习和数据分析等若干个阶段。AI 收集和分析大量数据以提供相关性和趋势等建议，药物化学家再根据 AI 的建议制定药物研发项目的方向和目标。值得一提的是，该公司的创始成员个个都是药物研发领域的专家，而该公司的药物研发流程则是为了适配 AI 技术从头搭建和优化的，因而平台可以借助 AI 促使研发新药的 AI 自主学习模型迅速迭代。

AI 助力水平分工的商业模型

药物研发必须经历以下几个过程：靶点发现、化合物设计、化合物筛选、临床前研究、临床试验、药物审批与注册（图 7-6）。过去，制药行业的主流是垂直整合的商业模式，制药公司独立承担从药物研发到销售的所有工作。

如今，大型制药公司也开始着力培养自己的 AI 工程师，并不断尝试使用 AI 辅助药物的研发。然而，面对困难重重的药物研发工作，仅凭制药公司自研的 AI 算法，想缩短药物研

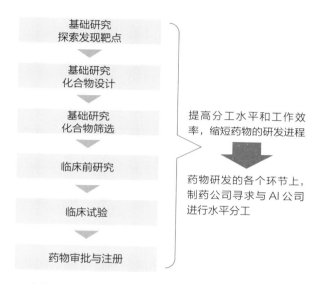

图 7-6　在药物研发的各阶段，制药公司开始寻求与 AI 初创公司水平分工
资料来源：基于日经 X-Tech 专栏制作。

发的全流程是不切实际的。随着数字技术的发展，药物研发的水平分工成了备受期待的商业模式。大制药公司将漫长的研发流程拆分开来，在其中的特定几个阶段或全流程与各有专长的 AI 独角兽公司深度合作，以加快药物的研发进程。

　　同时，各大制药公司也都感受到了商业模式转型的压力，因而积极地在药物研发的各个阶段寻求与 AI 初创公司进行水平分工，以期缩短研发流程、提高药物效果。应运而生的就是像 Exscientia 这种能运用 AI 辅助药物研发的初创公司。据悉，该公司 Centaur Chemist 平台辅助研发的小分子化合物目前已经进入了临床试验阶段。这引起了全球的关注。另据报道，

Centaur Chemist 平台现被投入了另一项药物的研发项目，预计在 1 年内完成化合物结构式搜索的工作。以目前行业的平均水平估算，这项工作将耗时 4 年半时间。

自 2020 年以来，Exscientia 与日本大大小小多家制药公司达成协议，宣布展开一系列合作。此前该公司还与全球多家制药公司及基金会建立了合作关系，其中包括日本住友制药（Sumitomo Pharma）、美国百时美施贵宝（Bristol Myers Squibb）、法国赛诺菲（Sanofi），以及比尔 & 梅琳达·盖茨基金会（Bill & Melinda Gates Foundation）。合作内容覆盖药物研发的全流程，涵盖新药研发思路的创新、新药靶向效果评估、AI 药物设计、研发项目管理、个性化医疗服务、临床研究等多个阶段；研发管线布局广泛，参与了 25 种以上的药物研发。

除参与其他制药公司的药物研发工作外，该公司也拥有自己的研发管线。待项目推进到一定阶段之后，公司还将与外部的合作伙伴共同推进药物研发，展开商业合作。

通过联邦学习实现制药公司的知识共享

进入 Web3 时代，我们将如何使用医疗数据解决社会问题？一种可能的解决方案是运用联邦学习（Federated Learning）方法。

联邦学习是一种不需要从客户终端上传本地的数据即可开发 AI 模型的分布式机器学习范式。这意味着不需要公开底层数据，仅共享彼此的数据模型参数就可以构建和训练 AI 模型。实现的过程有两步：先在客户终端构建和训练本地的 AI 模型，而后仅将本地模型的参数上传给公共服务器中的全局 AI 模型即可。

利用联邦学习的优势，各大企业视若至宝的底层数据无须公开，公共服务器就能够运用这些数据来构建 AI 模型（图 7-7）。因此，各大制药公司为提高重要数据的利用率展开了积极的合作。

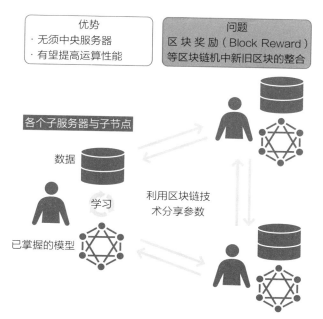

图 7-7　利用区块链的技术，无须公开底层数据即可合作开发 AI 模型。各个模型之间只交换参数

资料来源：ExaWizards。

2019 年开始，阿斯利康（Astrazeneca）、安斯泰来（Astellas）、强生（Johnson & Johnson）、拜尔（Bayer）、杨森制药（Janssen）、诺华（Novartis）等全球知名制药公司与美国半导体大厂英伟达（NVIDIA）共同参与了一项名为"MELLODDY"的药物开发项目。

在大型制药公司所拥有的 DNA 编码化合物库中，数以亿计的数据记录了各类先导化合物的特性与结构。从中筛选获得具有全新药效特征的小分子化合物是新药研发的基础。然而，获得有效小分子化合物的难度逐年递增，新药的研发难度也随之节节攀升。

在 MELLODDY 项目中，各家制药公司通过联邦学习发挥自身的数据优势，构建用于预测有效分子结构的 AI 模型。在这种合作关系中，各公司不需要开放自家的化合物库就能够分享自己长期积累的知识。合作构建的 AI 模型也可以按照每家制药公司的需求进行微调，投入各自的药物研发管线。

药物的研发与 Web3 又有什么关系呢？MELLODDY 是一个利用了区块链技术的项目。项目的运营不需要中央服务器，各公司能在本地终端上训练 AI。这个项目可谓是联邦学习 × Web3 强强联合解决社会问题的全新尝试。

🌐 英国的巴比伦健康（Babylon Healthcare Services, Ltd.）

> 利用 AI 导诊机器人进行病患分流，缓解医疗资源挤兑的同时，实现个性化医疗。

AI 无法取代人。它是全新的生产力工具，反映着这种生产关系的一个主要场景就是 AI 辅助诊断服务。巴比伦健康服务（下文简称为"巴比伦"）是一家英国的初创公司。该公司提供的机器人导诊服务能用于病患的分流，以此提高医院资源的利用效率。目前，该技术已被投入到了医疗服务的第一线，为发达国家与发展中国家的患者提供服务。

巴比伦开发的机器人导诊服务发挥了类似于医院中导诊台的功能。开发者团队人才济济，有 80 多位各领域的专家参与到了机器人 AI 的开发工作中来，其中包括相关学科博士、应用科学家及机器学习相关领域的资深工程师。该项服务共分为 5 阶段。导诊机器人与医疗机构从业人员相互配合，旨在有效分配有限的医疗资源。这里，以一位因身体不适寻求医疗救助的患者为例说明一下 AI 机器人的工作流程。

以 AI 导诊机器人实现病患的分流

首先，患者可以从巴比伦或其合作伙伴的主页下载一款名为"数字健康护理（Digital Self-Care）"的手机应用软件。在该程序中患者可以就自己的症状及健康状况与机器人进行互动，进行病患的分流。在第二个阶段，医护人员开始介入，基于前期的互动结果，通过在线聊天、电话、视频等方式，为患者提供非临床的个别咨询服务。若个别咨询无法解决患者的困扰则进入第三阶段。在这个阶段，医生或有关领域专家会为患者进行线上的诊断。若患者的症状依然未能得到缓解，就要对接和升级到第四阶段的线下门诊服务，以及第五阶段的手术、住院等更复杂更高层级的医疗服务。这是一种医护人员与 AI 相互合作的数字服务模式（图 7-8）。

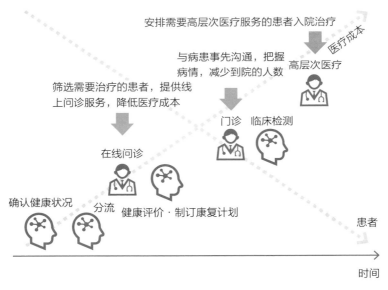

图 7-8　巴比伦利用 AI 分流病患，将有限的医疗资源提供给需要医疗服务的患者
资料来源：基于巴比伦健康的公司资料制作。

通过 AI 对病患的逐级分流，避免了非重症患者前往所在地大型医院急救中心求诊的情况，缓解病患症状和医疗层级不匹配的过度医疗问题。通过 AI 机器人与医护专家的通力合作，就可以为患者定制个性化的医疗服务，从而高效地利用有限的医疗资源。

机器人诊断服务覆盖面广、前景光明

巴比伦开发的 AI 机器人导诊服务覆盖面极广。服务的客户有的来自发达国家，也有的来自发展中国家；其中既有来自富裕阶层的，也有来自贫困阶层的。该公司最初于 2013 年在英国推出机器人导诊服务，而后于 2017 年进入非洲的卢旺达市场，又于 2018 年扩展至加拿大等 8 个国家，一口气扩大了业务规模。2020 年，巴比伦做好了充足的准备进军美国市场，全球累计获得会员 2400 万人次。

其中，最值得注意的市场是非洲的卢旺达。该国政府主导了服务引进到落地全套业务，约有两成的该国国民注册成了巴比伦的会员。据悉，在该国机器人导诊服务的平均日访问量达到了 2500~3000 次。

在当地患者可以拨通指定的电话号码接受 AI 诊断，有效地避免了所在区域的医疗资源挤兑问题。同时，服务还能为需要药物的患者送药上门，大大地减少了患者"小病大治"或白跑一趟等的情况。

巴比伦之所以能够在卢旺达取得成功，其背后美国的非营利组织比尔 & 梅琳达・盖茨基金会（Bill & Melinda Gates

Foundation）功不可没。该基金会为巴比伦提供协助的同时，也为后者的服务能更快更好地与卢旺达的保险制度深度整合、持续发展提供了宝贵的建议。

充分发挥 BASICs 框架效能

巴比伦的 AI 导诊机器人可以基于医患的聊天记录进行自主学习，不断提高预测的精度。此外，AI 还能基于大数据自主学习，迭代算法，不断自我优化。据悉，如今的导诊机器人已经能顺利通过实习医生的考试。

目前，导诊机器人逐渐被世界各国所接受，巴比伦的营业额也不断攀升。该公司 2021 全年的营业额同比翻了两番，达到 3.23 亿美元。

以 BASICs 框架进行分析的话，巴比伦的案例充分发挥了规模效应并持续寻求优化，对应的是 S 要素。该公司采用了可延展的设计架构，支撑导诊机器人服务的后端系统随着服务器的增加就能应对更多的客户，因而能承接来自全球各地的客户。新增的客户越多，AI 也就越聪明，继而全球的客户总数不断增加，自身的经营规模也能随之不断扩大。

过去，不论症状轻重统统挤进大医院"小病大治"的情况十分普遍。导诊机器人的出现帮助人们改变了既往的行为模式，这对应了 BASICs 框架的 B 要素。

巴比伦从创业之初就采用了可延展的设计架构，随之带来的规模化（S 要素）也就保障了企业的营利性，继而保证了企业的可持续发展（I 要素）。AI 自主学习模型主导增量的时代下，社会问题本身有望成为企业发展的新蓝海。

③ 关注民生福祉

🌐 日本的 SOMOP 人寿保险（Sompo Himawari Life Insurance, Inc.）

> 联合各人寿保险公司推出新服务和软件督促投保人变革行为模式。

多数的投保人只有在患病或受伤之后才会想起自己曾经购买的人寿保险产品。现在，保险公司开始通过手机应用程序尝试改变用户的生活习惯，使其更加关注生活健康。这种尝试对应了 BASICs 框架下的 A 要素和 B 要素：前者强调行动的可视化，后者要求实现行为模式的变革。二者都关系到了民生福祉。保险公司的此番努力并不单纯是出于善意的行动，更是为了压缩保险金和补助金的支出以保证公司赢利。

改变糖尿病患者的生活习惯

日本财产保险公司（Smopo Holdings, Inc.）旗下的人寿保险公司（Smopo Himawari Life Insurance Inc.）通过手机应用软件，推出了具有积极影响的人寿保险业务（下文简称为"SMOPO"）。

SMOPO 的的措施之一就是促使购买保险服务的糖尿病患者改变其生活习惯，以促进行为模式的变革。糖尿病专项医疗险"BLUE"的投保人会在手机上收到信息，获取有利于改善健康状况的建议（图 7–9）。这项保险于 2019 年年末推出，仅需回答若干问题，身患糖尿病的患者也能够参保。投保人可以在指定的手机应用软件中输入自己的血糖值、饮食、运动、血压、体重、服药情况等信息，以获得改善健康状况的建议。

在保险的服务中，设计了激励系统用来了促成患者的行动模式变革。显示血糖含量的糖化血红蛋白（HbA1c）值达到一定的条件后，就能够返还一个月的参保费用。保险签约的 5 年期满之后，符合一定条件的投保人则可以转投更优惠的基础医疗保险。

通过应用软件评估阿尔茨海默病的病程与精神压力的等级

精神压力增加与阿尔茨海默病之间存在着密切联系。SOMPO 与欧美的初创公司建立了合作关系，利用手机的应用软件为投保人提供相关方面的信息与服务。通过对投保人当前健康状况的把握，可以实现对老年痴呆的早期发现与干预。

在认知功能评估测试方面，SOMPO 与美国的初创公司 Neurotrack Technologies, Inc. 建立了合作关系。用于测试的手机应用软件名为"Neurotrack Brain Health"，测试全程耗时仅需 3~5 分钟。测试的受试者需记住手机画面中出现的若干种几何图形。其间，手机的摄像头会追踪眼球运动，综合地进行认知

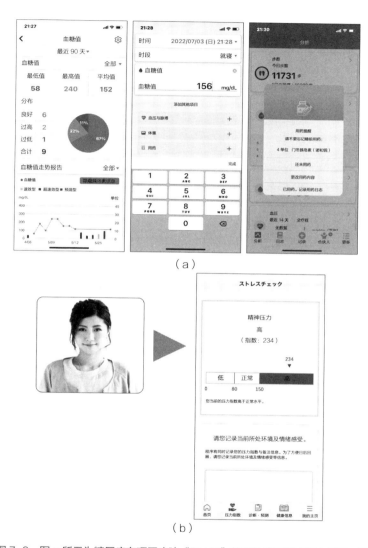

（a）

（b）

图 7-9　图 a 所示为糖尿病专项医疗险"BLUE"的手机应用程序用户界面。用户可以通过名为"ThinkHealth"的应用程序以合伙人身份加入服务。图 b 所示的是名为"Linkx Health Try"手机应用界面，该应用被用于评估精神压力等级
资料来源：SOMOP 人寿保险。

功能的评估。此外还有一项测试，需要受试者花 2 分钟时间回答诸如饮食、睡眠、社交关系等生活习惯方面的问题。此后，平台会反馈测试的分析结果。仅需要每隔 3 个月接受一次上述的评估与测试，了解自身的认知功能状态，平台就可以基于评估与测试的结果，提供预防或改善阿尔兹海默症的建议。

SOMPO 之所以推出这项服务，是为了提高社会对阿尔茨海默症专项保险的关注度，同时希望该项保险的投保人能通过改变行为模式，达成健康管理的目的。

用于精神压力等级评估的应用软件是"Linkx Health Try"。该软件是日本的 SOMPO 与以色列的初创公司 Binah.ai, ltd 合作开发的，后者因其运营的健康管理平台而在医疗保健领域崭露头角。

精神压力等级评估是 Linkx Health Try 的功能之一。通过手机前置摄像头拍摄的人像推测用户当前的心率，进而评估用户当前的压力等级。软件可以帮助用户了解自身处于何种情况下时精神压力的水平较高。软件通过读取用户的体检报告就能够判断日常生活中的注意点，结合用户当前的压力水平，可以提供有益于健康的活动提案。进行有益于健康的行动就能获得相应的积分记录，用户可以查询自己在日本全国的排名，累积一定的积分还可以兑换对应的虚拟奖牌。

🌐 芬兰的 Ōura Health Oy.

> 结合体温、脉搏与睡眠质量信息，评估次日的身心状态。

芬兰的 Ōura Health 开发了一款智能戒指 Ōura Ring。这是一款用于监测体温、脉搏等生理指征的可穿戴设备。Ōura Ring 能将所收集的体温、脉搏、运动等数据，与睡眠监测数据相结合，综合分析用户的健康状况。该产品有能效促成用户的行为模式变革，有助于增进福祉民生。

智能戒指 Ōura Ring 的机体内，除电池外，还搭载了体温、加速度、红外线等的一系列传感器。传感器的分布在戒指的内侧靠近手指的一面，以便于准确地监测用户的脉搏与体温（图7-10）。多数的竞品采用了手表的形态，必须每天给设备充电。Ōura Ring 上没有搭载屏幕，因而电池续航可达 5 天左右。

小小的戒指或许可以改变个人与集体的健康意识，促成行为模式的变革。这一点对应了 BASICs 框架中的 B 要素（行为模式变革）与 A 要素（效益的可视化）。戒指上搭载的若干传感器能源源不断地获取健康相关的数据。通过分析海量数据之间的关联，能挖掘其中蕴含的价值。这一点又对应了C 要素。

如今 Ōura Health 已经将总部从芬兰迁至美国，正式进军北美市场。据悉，目前 Ōura Ring 的累计销量已经突破 100 万

图 7-10　Ōura Ring。以戒指形态的可穿戴设备监测体温、脉搏、运动。左侧
　　　　图片为手机应用程序的用户界面，能综合评估次日的身心状态
资料来源：Ōura Ring。

枚。截至 2021 年，公司已经成功获得超 100 亿日元的融资。

　　Ōura Ring 的成功离不开优秀的产品设计与出众的产品易用性。戒指不仅有银色与金色等若干种配色，也为不同用户提供了不同的尺寸。用户下单之后公司会先将用于试戴的戒指尺寸样本送到用户手中。待用户试戴确定合适的尺寸之后，再在 Ōura Health 的购买页面中输入自己的尺码，之后就可以等待实物送货上门了。

　　综合睡眠监测数据，实现健康状况可视化

　　Ōura Ring 与竞品的最大不同在于，该产品能用于监测睡眠质量，并结合睡眠监测数据，并直观地呈现用户当前健康状况。

Ōura Ring 的超长续航使之不需要频繁地充电，这使得长期佩戴成为可能。佩戴戒指就寝之后，戒指能准确地监测用户的翻身频率、脉搏等数值，因而可以实现诸如睡眠长度、睡眠深度、大脑活动状态等睡眠状况的可视化。此外，用户长期佩戴戒指形态的 Ōura Ring 并不会产生不适感，故可以 24 小时佩戴。因此，Ōura Ring 中搭载的 AI 能全天候获取用户的生理指征数据用于分析和学习。

Ōura Ring 配对手机之后，用户能迅速地在应用软件里查看当前自己的"状态"。这一结果是基于用户的睡眠状况及脉搏、体温等生理指征，综合评估得出的。

如果用户的体温变化幅度突然超过一般数值的范围，则有可能是感染了某些疾病。据报告，Ōura Ring 能较为准确地检测用户是否感染了新型冠状病毒。

夜间的平静状态下，Ōura Ring 若检测到用户心率不稳，手机的应用软件则发出健康警报，并在"恢复指数"呈现当前状况。相关数值过低则说明当前状况不利于身体状态的恢复，这将导致次日的身心状态不佳。

用户可以通过手机应用软件中的"状态""睡眠"两个主要指标来判断自己当前的身体状况。以往人们只能基于模糊的感受进行决策，例如，"总觉得浑身没劲儿"。有了 Ōura Ring

之后，人们就能基于数据做出判断了，如"今天的健康状态不到 60 分，剧烈运动适可而止吧"。

综合管理团队成员的生理数据

近来，Ōura Ring 所获取的健康数据越来越多地被运用于体育团队的管理。据悉，现在普通用户在授权之后可以通过 Ōura API 上传自己的健康数据供他人使用以获取更进一步的服务。同时，许多职业体育联队也都不约而同地选择了这项服务。

这项服务能帮助体育团体进行人员健康管理，小到个别球员的突发状况，大到全队的身体状态都能一手掌握。在新冠疫情中，体温监测的工作尤为重要。有了 Ōura Ring 之后，全天候的体温监测则不再是难事。

据报道，美国职业篮球联赛（National Basketball Association, NBA）的加盟球队为全体球员及工作人员配发了 Ōura Ring，共计交付了 2000 套以上的设备。由此，不论是在球场之上，还是在睡眠期间，球队都能对团队成员的健康状况进行实时监控。另据报道，美国职业棒球大联盟、F1 赛车队，以及参加 2021 年东京夏季奥运会的冲浪美国代表队也都采用了该服务。

Ōura Ring 上搭载的各类传感器日夜不停地获取用户的生理指征信息。这些生理指征信息，以及健康状况、患病情况等的大数据不断累积，从中我们可以找到健康状态与患病情况之间的相关关系。可以想象在可见的将来，患者前往医院就诊或在线问诊时，仅需提交储存于戒指及手机上的生理指征信息，就能获得准确的诊断或有效的医疗建议。在将来，面对疾病我们或许能够防患于未然，又或能够在患病之后基于储存的个人生理指征信息获得有效的救治。

为了保障用户的个人隐私安全，Ōura Health 在智能手机端的应用软件中构建了一个 AI 模型，用于在互联网上与第三者共享参数但不透露本地数据。进入 Web3 时代，用户更是可以将 Ōura Ring 上所获取的各类生命体征数据提供给有前景的科研项目，助其一臂之力。

🌐 美国的 BetterUp, Inc. 与沃尔玛（Walmart, Inc.）

> **BetterUp 以 AI 优选教练，沃尔玛进军家庭护理行业。**

在美国，有一些企业正在尝试改变企业研修与人才培训的方法。其中，BetterUp 在利用 AI 控制成本的同时，为每位用户筛选最合适的私人教练与培训课程。美国的沃尔玛也开始进军家庭护理行业，在为承担家庭养老重担的人们提供培训服务的同时，拓展横向业务。

企业研修及人才培训的目的是提高从业人员业务能力，使之掌握职业所需的专业技能。其形态多样、方法不一。其中，私教服务在日本是较少见的。私教与大规模的集训、研讨会，以及小规模的组会都有所不同。一位教练或咨询师仅服务一位用户，基于每个人的具体情况，深入挖掘用户自身的潜能。

据美国的市场调查公司 Market Data 的调查，美国 2018 年度的私教服务市场规模约达 10 亿美元。2013 年于美国成立的 BetterUp 就是一家想以 AI 技术重塑市场格局的初创公司。该公司总部位于旧金山，2021 年 3 月英国的哈里王子出任公司新设的"首席信息官（Chief Information Officer, CIO）"一职引发热议，但更值得关注的是该公司推进 AI 革新的经营路线。无论是企业还是个人，都可以通过手机应用软件接入 BetterUp 的平台，匹配需要的培训课程及心理咨询服务。

以 AI 筛选合适的私人教练与培训课程

截至目前的私教服务市场中存在几个痛点。

首先是难以根据不同用户的具体需求指派合适的私人教练或调整培训课程的内容。其次是私教服务耗力费时。若想要提高用户的满意度，就必须耗费人力和时间搭建和维护数据库。提供私教服务意味着要为定制服务支付相应的成本。最后一点是难以实现效果的可视化。由此带来的结果是无法制定改进标准用于判断状况的变化是否符合预期。

为了解决上述痛点，BetterUp 利用 AI 来匹配用户与私人教练，并以可控的成本支出提供定制化的培训课程。如此一来，在提高服务品质的同时降低了成本，并且获得了更多的用户。随着用户的增加，许多资深教练也登录了该平台，招募经验丰富的后场教练组也变得十分容易。据报道，BetterUp 已经在全球 70 多个国家和地区推出了自己的服务，匹配了 46 种语言，旗下签约教练约 3000 名。

用户增加也能产生新的用户价值。BetterUp 通过评估，判断在以往的服务过程中哪些要素是有利于人才成长的，并有针对性地收集与之相关的数据。有了这些数据，每家企业就能对内部人员的业绩与技能进行考核评比，与同行的比较也有了统一的标准。基于此，接受了该服务的企业也更容易看清自身下一步改革与发展的方向。

沃尔玛进军家庭护理行业

在 BetterUp 的协助之下，美国的连锁零售商沃尔玛于 2022 年 3 月宣布一项名为"BetterUp for Caregivers"的服务，旨在为承担家中老人护理工作的人们提供支持（图 7–11）。用户登录 BetterUp 的 AI 平台后，可以使用诸如"私教服务""线上课程""个人评价""健康跟踪""现场小组活动""猜谜游戏"等服务。

有报道指出，在美国约有 5300 万人要照看或护理家中年迈的亲人，占全部人口的 1/5。这些人多数无法从外部获得需要的帮助，因护理老人产生的精神压力损害自身健康的人又占其中的 1/3。

图 7-11　美国沃尔玛携 BetterUp 共同推出的"BetterUp for Caregivers"服
务。匹配指导人员与用户，解决养老工作中的烦恼

资料来源：BetterUp 新闻稿。

据称，因精神压力过大而选择 BetterUp 的用户在接受服务之后，生活满意度整体提高 83%，压力管理效果提高 90%，适应力提高 149%。

沃尔玛现已在自己的健康服务网站中上架了这项服务，每一周的订阅费用约为 30 美元。

同时，通过 BetterUp 的服务平台，沃尔玛也能为需要护理服务的用户匹配家庭护理的服务供应商。这一举措极大地扩大了经营规模并不断自我优化，反映了 BASICs 框架中的 S 要素。

④ 迎接工作模式的转型

🌐 美国的 Zoom Video Communications, Inc.、Meta Platform, Inc.、eXp World Holdings, Inc.

> 工作模式转型，即生存模式的变革，AI 成为同事，虚拟办公成为现实。

新型冠状病毒全球肆虐之际，远程办公这种新模式迅速普及，会议、磋商等场景的 DX 化不断深入。随着 Web3 时代的降临，在虚拟的元宇宙中，人与人的协作、生活乃至工作都成了现实。在这种新时代中，AI 既是同事、秘书，也是推进工作模式转型的原动力。

越来越多的企业开始接纳远程办公的工作形态，人们的工作模式也迎来转变。现在世界上已经出现了全流程远程办公的企业。以 12 000 亿日元（约 8 亿美元）成功上市的美国极狐（GitLab, Inc.）公司就是其中之一。该公司公布的远程办公白皮书（Remote Manifest）包括以下几点，是我们在讨论工作模式的未来形态时应着重考虑的要素。

①去中心化，实现全球雇用，允许员工在任何地点办公；

②取消标准工时制，采用不定时工作制，灵活安排上班时间；

③以书面形式进行工作交接与信息交换，而非口头说明；

④以书面形式规范工作流程，而非老带新（On the Job Training, OJT）；

⑤在必要的情况下，以开源信息取代闭源访问；

⑥对全员开放文档编辑权限，而非逐级申请编辑权限；

⑦鼓励异步沟通与协作，取代同步办公；

⑧评价体系基于工作的结果，而非工作时长；

⑨采用统一的交流渠道，而非临时的交流渠道。

各类工作由 AI 秘书代劳

以视频会议为首的各类远程办公基础服务大大地改变了我们的工作模式，其代表就是美国的"Zoom"。只需要向对方的邮箱发送一封附有参会邀请链接的邮件，就能迅速开启视频会议。因其易用性，日本及全球各地都迅速地接纳了这项服务。传统的日本职场都强调到岗上班，面对面交涉。使用了 Zoom 的服务之后，居家办公能节约通勤时间，也能实时地与身处异地的同事或客户取得联络。这使日本的传统工作模式发生了天翻地覆的变化。

在新冠疫情中，视频会议服务在迅速普及的同时也不断地优化迭代。现在，用于会议情况可视化分析的 AI 逐渐成熟，相关的产品和服务已被推向市场。

"Chorus. ai"就是其中一例。据称，该服务能通过 AI 语义分析技术对 Zoom 等视频会议的情况进行分析。AI 能标识出视频会议中的每一位参会者，并分析每个人的发言在会议过程中发挥的作用大小，借此就能分辨客户方参会者中谁是主要负责人，有效提高了销售的成功率。

以往我们很难界定什么样的营销行为更加理想，仅能凭共识进行模糊的判断。通过对会议情况与业绩数据的比对分析，我们就能清晰地描述出理想的销售模式。基于这样的分析结果，我们就可以预先标记和推荐在之后的商务谈判中 AI 秘书所需要使用的关键词。

AI 的应用场景并不局限于线上的商务谈判。随着 AI 的迭代，能代替人力承担繁杂工作的"AI 秘书"或许很快就会被投入各行各业中去。

其中一个 AI 秘书的运用场景是全球所有公司都用得上的视频会议服务。AI 秘书所承担的具体工作可能有会议日程调整、同声传译、语音转文字、会议纪要、报告写作等。许多的科技大厂和新创公司已经推出了这类业务，并不断打磨试图占据市场。

随着企业经营业务的复杂化，需要 AI 秘书从纷繁复杂的数据中不断学习。企业可以让 AI 秘书去掌握内部所有员工的特长、资历、人脉，企业内的其他员工可以主动向 AI 秘书提供信息并进行协商。但是绝大多数的企业及个人都对涉及隐私的数据比较慎重，通常不愿提供。相较而言，保有大数据的一些科技巨头在这方面有着先天优势，能更有效地提高服务的精细度。

元宇宙普及在即，AI 秘书有望大展拳脚

元宇宙这一虚拟空间的构建也会促使商务人士的工作模式发生剧烈变化。脸书的运营商 Meta 已经斥巨资深入布局元宇宙，并大力提倡元宇宙办公（图 7-12）。

图 7-12　Meta 的元宇宙办公室"Horizon Workrooms"
资料来源：Meta · Facebook 的 YouTube 频道。

　　Virbela 的元宇宙办公室"Team Suites"中所配套的公共空间
资料来源：Virbela 的 YouTube 频道。

随着元宇宙的不断普及，AI 秘书的作用也将不断提高。在虚拟空间中，首先需要基于本人形象制作"化身（avatar）"。随着语音识别技术的优化升级，AI 生成的音频也能模仿本人，难以区分真假。可以想象在元宇宙的一场会议中，即便本人无法参加，AI 秘书也能够作为自己的代表"参加"会议。只有在做重要决策的时候 AI 秘书才会联络当事人进入会议。这种应用场景说不定很快就能实现。

在新型冠状病毒感染疫情肆虐的当下，连续高强度的视频会议带来的精神疲劳也开始引起人们的关注。另外，在远程办公的条件下，以往办公室内的人际交流、信息共享渠道不复存在。面对面沟通的一些优势依然是远程办公无法取代的。目前，元宇宙中的交流方式依然存在不足，元宇宙能多大程度上取代真实世界中的人际交流，有待市场检验。

在元宇宙技术方面较为领先的美国 eXp World Holdings 公司提出了一个解决方案。该公司的子公司 eXp Realty 是一个经营房屋销售的不动产公司。eXp Realty 通过收购位于美国加利福尼亚南部圣地亚哥的初创公司 Virbela，成功进入了不动产销售行业。

Virbela 的元宇宙平台内不仅搭建了办公室的室内环境，虚拟空间中还配套了公共空间、活动空间。在这个虚拟空间内，代表不同承包商的虚拟形象漫步其中，也能进行自由交谈。用户能同往常一样在办公室里享受休息时间、交流共享信息。Virbela 计划通过这一形式再现因远程办公而不复存在的人际交流场景。即使用户的母语不同，随着前面提到的 AI 翻译服务不断普及，语言将不再是障碍。如今，元宇宙的时代已然到来。

元宇宙还有一种可能的运用场景，那就是和现实世界中第一线的机器人联动，形成一种全新的工作模式。有一部分人因身体残疾或因承担育儿或养老护理工作而无法走出家门。这些人能在元宇宙中承担一部分工作，如在物流中心分拣货物或在超市中码放商品。元宇宙中的这些动作会被编译成动作指令，通过互联网发布给第一线的机器人，在现实世界中完成相应的操作。

通过上述种种的尝试，人们的工作模式不断变化。我们将把现实中的人际互动全部转移到线上，最终迎来 Web3 的新世界。

⊕ 日本的爱克萨科技（ExaWizards, Inc.）

> 多驻点的度假式办公大有作为。

随着远程办公的普及，不受场地制约的工作模式已经成了现实，为社会所接受。这里值得关注的是"Workcation"。这个词是由工作"Work"和度假"Vacation"二者构成的新造词，指的是在度假胜地远程工作的工作模式。

因能在工作的同时能够放松身心、劳逸结合，度假式办公在日本大受欢迎。这种工作模式的优点不仅仅在于能够体验全新的工作环境，更在于能够拓展人脉。这里参考日本山梨大学于 2021 年 5 月发布的相关调查结果。调查结果表明，采用了度假式办公的数字游牧民（Digital nomads）能积极地与当地人进行交流，拓展了人脉关系。受访者中 22.1% 的人在旅途上依然专注于工作，而约八成的人则更享受旅行。这八成的受访者中又有 21.3% 的人回答"自己在工作之余，充分享受旅程，增进了与当地人交流"。

今后，随着 AI 秘书等的代理服务的普及，度假式办公的工作模式则可能变得更加稀松平常。

多驻点的度假式办公有助于突破思维定式

目前的许多实践案例都说明，多驻点的度假式办公，更有益于提高工作的效率。

在这里介绍一个实际案例。爱克萨科技的 AI 服务开发项目经理佐佐木亲身实践了一番度假式办公（图 7-13）。他从 2021 年夏天开始，边旅行边工作。

因工作性质，佐佐木一直以来都是远程办公的。但回顾旅程时他也表示："工作受阻无法推进的时候，如果居家办公的话脑子里冒出来的都是既定的套路，总找不到问题的突破口。考虑到当今社会的变化、公司的文化，以及我个人的情

图 7-13　长野县白马村驻点度假式办公
资料来源：佐佐木在"照片墙"（IG 账号）上发布的内容。

况，我没有理由拒绝多驻点度假式办公的理由。"

在最初的阶段，佐佐木每个月仅有 10 天采用度假式办公的工作模式。他说："在我持续这样的生活半年之后，回家反倒成了麻烦的事情，而且工作进展得也很顺利，于是我就正式开启了多驻点的度假式办公。"

佐佐木的工作与 AI 的开发有关，因而对脑科学也有所研究。从脑科学的角度来看，多驻点度假式办公也是大有好处的。佐佐木指出："多驻点度假式办公能不断获得有别于日常的体验，大脑不断受到刺激，有助于产生全新的想法和计划。仅需要早晨起床后在度假地散个步，就能获得不同于日常的体验。"

如果平日在东京地区或其他都市上班的公司职员逗留在度假地的话，能在当地拓展人脉，也有助于提振该地区的活力。

例如，佐佐木逗留在宫古岛的时候，参加了当地的沙滩清洁活动，还受旅店老板委托，为当地中学生准备了一堂 AI 相关的讲座。不同地区的人口互相流动能够产生有趣的"化学"反应，为当地带来活力。

第 8 章

持续应对环境变化

　　"持续应对环境变化"的大课题中包含三类具体的社会问题，分别是：①应对气候变化；②节能减碳；③避免粮食短缺危机。

　　近年来，全球气候不稳定的状况不断增加，极端高温、特大暴雨、超强寒流等频发。气候变化不仅影响人们的生活，还对产业链造成各种干扰。每个人都有"应对气候变化"的义务，因为造成气候变化的主要因素是温室气体，其中最需要关注的指标是二氧化碳的浓度变化。

　　日本政府宣布了碳减排的目标，计划 2030 年度的温室气体排放量较 2013 年度削减 46%。但想要实现这一目标需要跨越许多障碍。目前已经有了能源高效利用及碳补偿（Carbon Offset）的相关提案，但是这些政策的实效性仍然存疑。碳信用（Carbon Credit）额的重复计算也是一个实际存在的问题。如果利用 NFT 的话，碳排放权的归属问题就一目了然了。应对气候问题也需要 Web3 技术的加持。

地球的资源总量是有限的，资源的利用若是不可持续的，人类社会将很快地陷入无以为继的境地。此外，食品等物价上涨、能源价格飙升等的情况不容乐观，这些无不是资源进口国日本的"阿喀琉斯之踵"。"节能减碳""避免粮食短缺危机"也是迫在眉睫的社会问题。地球的资源总量既然无法改变，我们就必须进一步提高生产与消费过程中的能源利用效率。

人造卫星的遥感影像有助于我们了解与掌握全球气候环境。随着数字技术的进步，实时获取高分辨率的遥感数据也不再是难事。

其中，计算机视觉技术将大有可为。借助 AI 之眼能瞬间掌握环境变化的走势，并客观地记录数据。在累积足够的客观数据之后，人们的行为模式也可能随之发生转变。

"避免粮食短缺危机"要求人们去面对这样一个国际现实：在全球人口激增的趋势下，像以往一样粗放地使用天然资源的话，粮食的供应就难以保障。

墨守成规的办法难以应对这些社会问题。以往被认为是无法改变的事情，借助 AI 的算力进行海量的试验，就有可能找到全新的突破口。如今，来自全球各地的有识之士运用 AI 及 Web3 的技术，已经在吃饭这件事情上取得了一些成果。

① 应对气候变化

🌐 美国的谷歌（Alphabet, Inc.）

低延时反映气候变化影响的可视化服务。

美国的谷歌宣布提供一项 AI 可视化服务。该服务能近乎实时地监控地表的变化情况。基于此服务，人们能更直观地把握气候变化的影响程度。全球变暖带来的洪水、火灾等事件影响恶劣。对极端天气事件影响的可视化，能帮助人们改变观念，极有利于环保方案的制订。

2022 年 6 月，谷歌部署了一项名为"Dynamic World"的项目。结合卫星遥感画面与 AI 图像识别技术，现阶段能以 10 米分辨率自动识别地表的情况。

Dynamic World 项目的遥感数据来自欧洲航天局（European Space Agency, ESA）的哨兵系列卫星（Copernicus Sentinel 2）。有看解析精度高、更新频率高等诸多优点。服务在获取卫星遥感数据之后，谷歌的 AI 将识别并标记地表的情况。服务中也使用了支撑"谷歌地球（Google Earth）"服务的地球引擎（Earth Engine），能以周或月为单位对地表变化进行可视化处理，用于 AI 判别。

森林火灾前后变化的可视化

美国加利福尼亚州的森林火灾频繁发生，这被认为是全球变暖带来的影响。图 8-1 中显示了森林火灾前后的地表情况。显然，2021 年 8 月 14 日的森林火灾之后，地表的林地被低矮灌木所取代，裸地面积也大幅增加了。

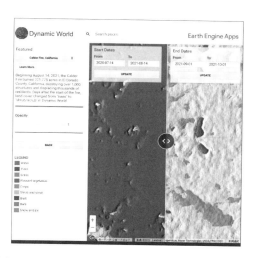

图 8-1　借助谷歌的 Dynamic World 服务项目，可实现对地表特定区域的监控。利用 AI 与大数据，可以对气候变动带来的环境影响进行精密的可视化编辑
资料来源：谷歌 Dynamic World 主页。

此外，城市开发的进度、火山灰的覆盖导致的受灾区域和程度等也能通过 AI 进行可视化编辑。

平均气温升高及极端天气事件让绝大多数人感受到了全球变暖的威胁。但是，人们难以方便且及时地掌握全球变暖为所在地区带来的影响。

有了 Dynamic World 等一系列同类项目之后，全球就会集思广益共同面对全球变暖问题。人们能从公开渠道监督某地区的碳信用额与环保执行情况。Dynamic World 等的服务可谓是社会问题治理情况的可视化数据平台。

Dynamic World 服务基于 AI 图像识别技术与各种卫星遥感数据，实现了地表状态的可视化。该服务提供了一种应对全球变暖的思路，人们可以通过对地表实况的历史性对比了解实际情况。谷歌指出，Dynamic World 服务的应用场景丰富，可以在农业发展、城市土地规划、环境保护等方面发挥作用，帮助人们解决社会问题。

基于 Dynamic World 服务的环境治理、社会问题应对几乎可以说是 BASICs 框架的全要素达成。其中效果可视化的 A 要素与行为模式变革的 B 要素是最为关键的。

🔘 日本气象协会、日本软银（SoftBank Corp.）

> 基于天气情况与人流量数据预判到店人数。

日本的软银于 2021 年 1 月推出了一项新服务，为零售及餐饮业的经营者提供到店人数预测。该服务是由软银与日本气象协会合作开发的。通过 AI 算法解析两方所掌握的人流量及气象大数据，可以实时预测当日每家门店的到店人数。该服务是在气候变化加剧的背景之下运用气候数据寻找商机的全新尝试。

在零售及餐饮行业中，商家会通过各种各样的方法预测顾客的需求。哪些商品及什么样的菜单能带来多少营业额，需要预备多少库存，门店需要安排多少员工等的决策都离不开准确的情报。为了实现利润最大化，经营者必须优化配置各方面的资源。上述的决策都离不开商家对顾客需求的预测。

软银与日本气象协会合作开发的服务 "Sakimiru"（意为"预见"）可以用于预测顾客需求，预测的对象是零售及餐饮门店的到店人数。这是一项基于大数据创造用户价值的尝试。

合作开发的 AI 算法

"Sakimiru" 主要用到了以下三方面的数据。

其一是软银的人流量数据。软银的经营领域包含电信业务，可以通过移动通信基站获取终端设备的移动轨迹数据。基于数以千万计的终端位置数据，软银能推估 1.2 亿人次的流动趋势，这相当于全日本的人口规模。以往预测门店的到店人数全凭经验。该服务能把握店铺周边区域商圈的人流情况，再结合门店以往的顾客到店情况，能更准确地预测当日的到店人数，如图 8-2 所示。即便发生了突发事件导致人流量的短时间剧烈波动，有了可靠的数据支撑，服务就能基于实时情况做出预测。面对当前因新型冠状病毒感染造成的人流量变化，

Sakimiru 也能做出正确的预测。

图 8-2　Sakimiru 基于气象数据、人流量数据、店铺营业记录、节假日等综合
预测到店人数

资料来源：日本气象协会、软银。

　　用于人流量统计的数据涉及了用户的个人隐私，因而采用了匿名化（数据脱敏）和推论统计的方法进行统计加工，以保障用户个人权益。

　　其二是气象数据。日本气象协会提供的气象数据包括气温、日照量、风速、降水、降雪、湿度、天气等。

　　其三是店铺的营业记录，需要经营者输入每个门店过往的营业额及到店人数。

　　用于分析这些数据的 AI 算法是由软银和日本气象协会双方的数据科学家合作开发的。该算法能预测两周之内每一天、每个门店的当日到店人数。根据预测得出的到店人数，经营者可以调整商品的进货数量和人员工作排班，从而减少食物浪费并优化人员配置。另外，该服务还有助于商品展销、店铺活动、优惠券发放等一系列促销策略的制定与执行。

服务将加入商品需求预测及排班表等新功能

Sakimiru 服务采用了前验证的开发模式。参与项目开发前验证的是 Valor Holdings co., ltd. 旗下的连锁超市与药店，主要位于日本的中部地区（包括新潟县、富山县、长野县、静冈县等 9 个县）。长期以来，Valor Holdings 积极参与各类消费者需求的预测试点项目，但是应用到气象数据的尝试尚属首次。前验证从 2021 年的 3 月开始，在集团旗下中部药品公司（V·drug）的 10 间连锁药店展开应用试点。据称实际的到店人数与 Sakimiru 所预测的结果之间仅有 7% 的平均误差。选择了 Sakimiru 服务的企业可以将其整合到企业自身的管理系统中去。目前推出的仅有"到店人数预测"功能，今后计划加入的新功能有"商品需求预测""库存管理""排班表""促销推广合作"等。这些功能对于零售、餐饮业而言也十分有必要。

挖掘气象大数据价值并反哺社会

日本气象协会一直致力于挖掘气象大数据中的价值，反哺社会。产业链上有 1/3 的环节都直接面临气候变化的风险，而基于气象大数据的天气预测功能可以帮助人们管控风险。为了获得资金保障，持续提供气象观测信息，日本气象协会于 2017 年组建了市场需求预测事业部。只是此前的 AI 模型要结合企业的实际情况进行调试，服务费用普遍较高，中小型企业难以负担。

　　气象的变量仅是市场需求变动的因素之一。在新冠病毒的影响之下，以往的模型都再难胜任市场需求预测的工作，应运而生的就是 Sakimiru 服务。该服务结合了软银的人流量数据、系统化技术、经营能力，以及日本气象协会的气象数据、模型构筑技术、算法技术等方方面面的数据与技术，计划为更多的企业提供帮助。

　　实际上越来越多的企业选择了 Sakimiru 的服务。参与前验证试点的 Valor Holdings 就计划在集团旗下的合计 1200 间连锁门店应用该服务。从事巧克力及相关产品的生产、销售的歌帝梵（Godiva Japan, Inc.）也正在积极商议在该公司的 300 个门店应用该项服务。

　　这个案例反映了 BASICs 框架中的多个要素，特别是 C 要素，实现数据统合并赋予数据价值可谓是项目获得成功的关键。日本气象协会事业部本部的社会·防灾部门主任技师中野俊夫接受采访时表示："日本气象协会希望挖掘气象大数据中的价值，并以此反哺社会。本次的项目能帮助我们更好地服务企业与个人，也帮助我们了解到哪方面的气象数据能左右市场需求。"

② 节能减碳

🌐 美国的 Pachama, Inc.

> 以 AI 预测二氧化碳浓度，实现碳市场透明化。

碳补偿执行过程不透明及其他问题的出现，导致碳交易市场（Carbon market）不被信赖。美国的 Pachama 力图改变这一现状。利用 AI 与卫星遥感等数字技术，监测森林的二氧化碳捕集情况，确保碳交易（Carbon Trade）的透明性。另外，该公司还动用资金进行森林保护、森林恢复，应对气候变化带来的挑战。

"我们运营的是一个技术平台，帮助森林恢复、森林保护项目的同时，为致力于达成净零排放、碳中和的企业提供技术支持。" Pachama 的创始人兼 CEO 的迪亚哥·塞斯·吉尔（Diego Saez Gil）面对世界经济论坛（World Economic Forum）的采访时，就公司的作用进行了上述说明。采访视频标题为 *Pachama: How AI is helping reforestation*，于 2021 年 11 月上传至世界经济论坛频道。

成立于 2018 年的 Pachama 是一家绿色技术领域的初创公司，总部位于美国旧金山。公司提供的技术服务能削减或抑制碳排放，降低环境的负荷。

所谓的碳补偿是实现净零排放（Net zero）及碳中和（Carbon Neutrality）的重要手段。人类的生产生活及经济活动不可避免地会产生二氧化碳等温室气体。即便相关技术取得了进步，也无法完全杜绝温室气体的排放。由此产生了碳交易的模式，企业投资与自身排放相当的温室气体削减项目，抵偿自身排放温室气体带来的消极影响。投资采用碳信用为金融计算单位，以此进行交易。

基于遥感影像等信息运用 AI 分析碳捕集状况

碳补偿的方法之一是投资森林恢复、森林保护的绿色项目。但是，目前这种投资多要通过中间人完成交易，这容易带来项目收益估值过高、已售项目反复认购等的问题，为人诟病。

面对这样的现状，Pachama 运用数字技术实现了碳交易的透明化。该公司通过卫星的遥感影像、森林内放置的传感器网络、激光雷达（Lidar）的扫描图像，以及其他渠道获得的遥感数据，持续监控森林的状况。基于各种渠道获取的数据，利用 AI 分析森林的特点，估算碳捕集的效果（图 8-3）。这个案例可谓是实现了 BASICs 框架的各个要素。其中 C 要素，实现数据统合并赋予数据价值的尝试打破了碳交易不透明的僵局。

碳信用的八成收入用于森林保护项目

Pachama 挑选了一部分公司监管下的森林保护项目用以筹集资金。其他企业为了实现碳补偿，可以从 Pachama 监管的森林保

图 8-3　该网页中显示了 Pachama 对特定区域二氧化碳排放情况的估算结果。
　　　实际的页面中使用不同颜色对地图上的各个区域进行标记
资料来源：Pachama 的公司主页。

护项目中选择合适的，以认购碳信用的形式对项目进行投资。

　　因配备了完善的监管机制，Pachama 经手项目的透明性得到了保证。认购了碳信用的企业可以持续验证投资项目是否奏效。

　　Pachama 出售碳信用的获利中，80% 被用于森林保护项目，剩余的 20% 则是公司的营业额。森林保护项目的发起人可以利用这笔资金组织人员巡视林地、保护森林、重建森林生态，剩余的资金则会交给支持森林保护项目的土地所有人。Pachama 则运用营业获利来获取遥感数据、开发 AI 技术、维持公司运营。

　　根据 Pachama 主页中的介绍，公司所管辖中的森林保护项目主要分布在美国的森林地带及亚马孙河流域的热带雨林地区，共有 19 处。监控下的森林面积高达 96.4 万公顷（1 公顷 = 0.01 平方千米）。

为用户提供自动计算 API

为了确保透明性，Pachama 充分运用数字技术，积极地为用户提供相关信息及服务。公司准备了 API 用以对外提供数据。购买碳信用的企业可以使用 API，从用户信息系统访问以往的碳信用购买履历，也可以自动计算企业自身的产品或服务产生的碳信用额。自此，用户再也不必手动地计算企业自身的温室气体排放量及对应的碳信用额度。

⊙ 美国的 Nori, Inc.

> 运用 Web3 技术保障碳交易透明化的加密资产交易平台。

有观点指出，售出的碳排放信用额度要高于实际的碳补偿。在碳交易领域，最早运用 Web3 技术实现碳信用可视化并设计碳补偿激励机制的初创公司 Nori 备受关注。

美国的初创公司 Nori 与前文介绍的 Pachama 不同，运用 Web3 的思路，力图从根本上解决碳补偿执行过程中碳信用交易不透明的问题。该公司运营的碳交易平台能对接农户与企业——农户管理维护的农地吸收二氧化碳，而企业能从农户处认购碳信用。此外，该公司也是证明碳信用真实性的认证机构。

Nori 运营的碳交易市场利用了区块链技术，能一目了然地记录哪家企业认购了哪片农地。该公司将碳信用折算为名为"NRT"的通证向市场发行，并运用区块链技术加以管理。对应数量的 NRT 在企业认购碳信用之后随即被抹去。区块链的管理方法使每份碳信用都独一无二，从而保障了碳交易的透明度。Nori 从每份 NRT 交易中抽取 15% 的手续费作为公司赢利（图 8-4）。

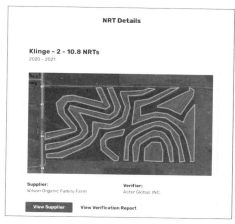

图 8-4 农地的不同区域由谁管理，发放了多少额度的信用一目了然（左）。企业认购的信用以"NRT"发放，农户收取加密资产"NORI"后可以兑换为美元
资料来源：Nori 的公司主页。

每 10 年削减 1 吨的二氧化碳折算为 1 个单位的 NRT。交

易采用了 NFT 的机制发行通证，确保交易中的碳信用不被复制或替代。区块链中也记录了各个农户通过管理维护农地每年消除的二氧化碳量。区块链内的数据是无法篡改的。可能存在这样的情况：农地在数年之后因土地开发不复存在，而认购碳信用的企业却无从得知。区块链技术则能有效地避免这一类情况的发生。

碳信用的价格由市场价决定

有了自家的碳交易平台，Nori 能准确记录碳信用的认购方、农地的管理维护情况等信息，并保障数据的透明。

此外，NRT 可以通过 Nori 平台发行的加密资产"NORI"进行交易。1 单位的 NRT 能购买 1 单位的 NORI。企业可以在平台上支付美金购买 NORI，农户收到 NORI 之后可以在平台上售出，换取美元。

加密资产 NORI 跟比特币一样可以作为数字货币进行流通，并根据碳信用的市场需求不断波动。碳信用的市场需求走高的时候，NORI 的价格也随之上升，此时农户不急于兑换美元，持有 NORI 则能获得更多利益。

Nori 的案例昭示了 Web3 时代下公共服务与企业发展并行的可能性。案例充分运用 BASICs 框架，通过实现效果的可视化（A 要素），保障了可持续的营利（I 要素）。

◉ 美国的特斯拉（Tesla, Inc.）

> 着眼储能，致力于二氧化碳消减与电力持续供应。

　　美国的能源问题十分棘手，一面是削减二氧化碳的潮流趋势，另一面是一年停电数次的脆弱电力基础设施。在汽车制造商中，市价总额跃居全球第一的美国特斯拉以电动汽车（EV）项目为起点，致力于解决美国的能源问题。

　　特斯拉作为一家专门生产电动汽车的汽车制造商，在行业中独具一格。从跑车到轿车、运动型多用途汽车（Sport Utility Vehicle, SUV），特斯拉的产品阵容不断扩大，近期还推出了深受美国人喜爱的皮卡车型。不仅是电动汽车，特斯拉先期布局脱碳时代的努力备受好评。该公司 2022 年 7 月末的股票总市值超过了 100 万亿日元，是丰田汽车的 2 倍以上，成为总市值全球第一的车企。

　　面向脱碳时代，特斯拉现在投资的是可再生能源相关的技术及生产设备。该公司不仅是电动汽车的制造商，其身上新能源企业的风格也十分强烈。其子公司特斯拉能源（Tesla Energy）致力于研发生产住宅专用的太阳能电池板。

　　"Electric Cars, Solar &CleanEnergy | Tesla（纯电动车、太阳能和清洁能源 | 特斯拉）"，在特斯拉的主页上，这句话引人注目。

主页上除了电动汽车的 4 款车型，还有太阳能屋顶（Solar Roof）、太阳能电池板（Solar Panels）、蓄电池、电力相关商品等。提供一般家庭使用的太阳能屋顶、电池板、蓄电池也可以如电动汽车一样在手机软件上实时监测用电情况（图 8-5）。

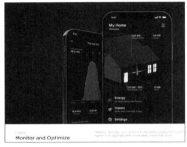

图 8-5　特斯拉的主页中关于储能相关商品及相应手机应用程序的介绍
资料来源：特斯拉的公司主页。

购买了太阳能系统的用户能在白天将太阳能屋顶和电池板所产生的电力储存在蓄电池中，遇到停电的情况则可以使用电池给住宅供电。美国因电力基础设施脆弱，即便是高档住宅区也要经历一年数次的停电。因而美国市场对太阳能系统的需求十分旺盛，尤其是在频繁遭到飓风侵袭停电频发的美国中西部地区。

美国加利福尼亚州的一些地区已经开始了虚拟电厂的实验。所谓虚拟电厂，不需要建造实体发电站，而是搭建一个像发电站一样工作的电力架构。架构运用数字集控平台，从家用的蓄电池、电动车、太阳能电池板调度电力，满足其他企业或家庭的用电需求。

虚拟电站为购置了特斯拉大型固定蓄电池 Powerwall 的用户提供服务，在加利福尼亚州电力供应紧张的时候自动为这些家庭提供电力。

通过手机软件加入虚拟电站后，用户可以出售家中剩余的电量。根据提供的电量，用户能获得相应的现金报酬。

数据运用实现公司与用户的双赢

特斯拉的主营业务电动汽车也加速了脱碳的进程。通常认为电动汽车相较于传统的燃油车能减轻环境负担，但是电动汽车的普及速度缓慢。特斯拉就是一家打破燃油车行业壁垒的企业。

特斯拉的电动车拥有独特的外观设计，并以巨大的触摸交互界面取代了机械式的仪表盘，车身的种种创新备受好评。但是戳中消费者痛点的是独具远见的车机系统。不同于传统燃油车，电动汽车能与智能手机一样以每个月一次的频率升级车机系统从而改善车辆性能，这种体验是前所未有的。

许多特斯拉车主乐于提供车辆的行车数据。通过收集用户的行车数据，特斯拉的车机系统能不断获得增强。获取的行车数据越多，车机系统就越易用，离自动驾驶就能更进一步。这就是 AI 自主学习模型在汽车行业中的正确运用方式。

特斯拉的经营案例反映了 BASICs 框架中的各个要素。其中，促成车机系统不断进化的正是 S 要素（规模化与持续优化）和 C 要素（数据价值化）。

该公司 CEO 埃隆·马斯克（Elon Musk）公开表示未来将完全实现自动驾驶技术。受访时他还开玩笑地说，等到自动驾驶技术成熟的时候，要让特斯拉的电动汽车能在车主不用车的时候出去充当无人驾驶出租车。这项服务称为"Robotaxi"，能实现类似于优步（Uber）的拼车服务。车主可以在手机软件中开启这项功能，估计每年可能因此获利 3 万美元。

③ 避免粮食短缺危机

◉ 日本的 Plantec, Inc.

> 实现 5 倍的生产效率，易于扩大规模的次世代作物工厂。

培育作物需要大量的水和肥料。面对急速增长的全球人口，传统的耕作模式下生产培育的作物已逐渐无法满足全球的粮食需求。日本的初创公司 Plantec 力图通过作物工厂和 AI 技术来应对全球性的粮食短缺。与一般的作物工厂有所不同，Plantec 采用了独立的密封培养装置，精确管控装置内的温度、水、湿度、营养供给等环境变量，试图实现加速作物生长、提高作物产量、改良作物品种等的目标。与大企业通力合作，我们有望解决粮食危机这一社会问题。

　　Plantec 的山田真次会长（图 8-6）接受采访的时候不无自豪地说："我们的作物工厂可以利用各种工厂的废弃厂房，以生菜的生产为例，相较于一般的作物工厂我们能将单位面积的产量提高约五倍。如果我们的工厂有东京迪斯尼乐园那么大的面积，我们的生菜产量就足以供给全日本消费。"该公司作物工厂的测试生产线距离东京都繁华区的银座很近，位于京桥。测试生产线从外观看来不过是一个平平无奇的写字楼，走进写字楼后映入眼帘的却是一间间的无尘室，仿佛置身于半导体工厂。展示实验室的一扇大窗后是监控生产线状态的显示器，在这里可以观察装置如何进行耕作。这里可谓是次世代的作物工

图 8-6　位于东京京桥的 Plantec 实验室。实验室开发的装置能控制作物生长
　　　　的主要环境变量，可用于作物育种的工作。照片中为山田真次会长
资料来源：Plantec。

厂。山田会长接受采访时还说："我们将'plant'与'factory'两个单词结合在一起，管它叫作'plantory'，这个项目是农学与工业相结合的产物。"

Plantec 的作物工厂有别于传统，它能提供不同于自然界的环境变量，用于探索最佳的生长条件。

Plantec 借鉴了 300 多份有关于作物工厂的文献，能使用数学公式来清晰描述作物工厂内发生的各种情况。其中提炼出了 20 种关键的环境变量，包括"光照""二氧化碳浓度""湿度""负离子浓度""通风量"等。何时调整环境变量，调整哪些环境变量，以及如何调整变量，测试生产线的工作就是从庞大的随机组合中筛选出最有利于作物生长的条件。

掌控作物生长条件的工作极其困难。换言之，传统的作物工厂对环境变量的管控是不太精确的。人们倾向于搭建大型的栽培室用于作物生产，但是大型的栽培室不利于控制环境变量，同一家作物工厂内不同位置的气温相差 5 摄氏度也不足为奇。在这种环境之下难以发现作物的最佳生长条件，更遑论复现最佳生长条件了。

为此 Plantec 开发了用于作物生产的密封装置。装置内的各种环境变量都是精准可控的，分布于其中的传感器也能全天候监控环境变量是否达标。此外，装置还可以用于监测光合作用等作物生长状态。这一点反映了 BASICs 框架的 A 要素，即实现了效果的可视化（图 8-7）。

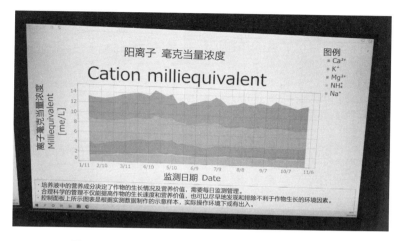

图 8-7 监测 Plantec 密封装置内部环境变量的显示屏
资料来源: Plantec。

20 种环境变量的设定值，以及何时、如何调整，其中可能的排列组合无穷无尽。生产要素多得让人目眩的要素，我们可以用机器学习的方法来进行优化配置。哪些参数、如何设定有利于实现预期的作物特性（如生长速度、营养成分等）？其中哪几组参数的组合存在高度关联？上述的问题都可以通过机器学习找到答案。

山田真次会长表示："作物在口味、营养成分、气味等多方面存在不同特性，我们发现可以通过改变作物的生长条件来大幅度地改变作物特性。作物的品种数不胜数，有待探索的空间仍是巨大的。随着探索的不断深入，我们就能提供高效且可持续的粮食供给。与此同时，我们提供的作物相较于以往会更加可口、更健康。能同时做到这两点，是作物工厂最大的魅力。"

保质保量可扩展的作物工厂

Plantec 的作物工厂有许多优势，其中最大的亮点就是生产规模的可扩展性，对应着 BASICs 框架的 S 要素。

基于对 20 种环境变量的优化配置，作物工厂展现出了惊人的生产效率。以生菜的栽培为例，据悉 Plantec 的单位面积生菜产量相较于一般的作物工厂提高了约 5 倍。另外，Plantec 对环境变量的控制是标准化的，这就意味着可以很容易地复现最佳作物生长条件。在 Plantec 为大型作物工厂提供设备时，生产装置的规格并不会制约作物的生长条件，只需要在垂直或水平方向增加装置，就能大幅增加产量。

超市中的作物工厂新鲜直送

Plantec 的技术不仅运用于自家的测试生产线，还帮助公司扩大了经营的规模。2022 年 6 月起，公司相关的大型作物工厂已经投入了生产。永旺百货（AEON co., Ltd.）主导，连锁超市 Maruetsu, Inc. 加盟的联合超市控股公司（U.S.M Holdings, Inc.）与 Plantec 合作，在日本茨城县土浦市搭建了作物工厂 "The Terrabase 土浦"。该作物工厂就运用了 Plantec 的全套技术与设备。

据介绍，相较于传统方法，运用新技术后每一棵生菜在生产过程中就能节水 12 升。山田真次会长还介绍道："消费者将我们的蔬菜视作高附加值产品，市场反响良好。新的作物工厂同时也是超市的物流节点，可以方便地为超市提供新鲜蔬菜，因此物流带来的环境负担也减少了。今后'新鲜直送'的概念也会跟着发生改变吧。"

为了进一步扩大的经营规模，Plantec 也认真考虑了对外出售这套生产装置与系统的可能性。此后，该公司将向市场提供装置与系统的安装、调试及售后等服务。除此之外，提供种植不同作物所需的生长条件参数，以及作物工厂经营所需的技术服务也是 Plantec 日后的创收手段。公司还接受了日本最大农业机械制造商大厂久保田（Kubota Corp.）的投资，研究如何共同经营海外市场。

工业革命以来，随着全球人口的增长，保障粮食生产就需要耗费大量的水，而农业生产的用水量又往往远超工业生产用水。山田真次会长对此说明："Plantec 的作物工厂中，生产用水实现了循环利用。粮食紧缺往往是农业用水不足造成的。我们的工作或许能解决农业的用水不足问题，为全球性的粮食危机提供解决方案。"

但是 Plantec 的发展也遭遇了困难，最大的问题就是电力不足。作物工厂中能够实现农业用水的循环利用，但是植物光合作用所需的光照却只能依靠电力。对此山田真次会长认为："发电的效率在逐年提高，利用富余的电力的话，或许能找到许多解决方法。"

Plantec 的作物工厂或许能够提高日本的粮食自给率。

⊕ 美 国 的 Impossible Foods, Inc.、麦 当 劳（McDONALD'S Corp.）、别样肉客（Beyond Meat, Inc.）、瑞士的芬美意（Firmenich, Sa.）

> 为美国消费者所接受的人造肉，以及运用 AI 提升肉质风味和口感。

在餐饮领域，对于可持续性的呼声也同样高涨。农作物栽培对于环境的影响比禽畜养殖低，并且生产效率更高。在欧美国家，由大豆等植物制成的人造肉产品已经开始普及。许多公司尝试着以 AI 分析原材料与香料的配比，使产品的风味更接近真实的肉产品。这些公司试图以 AI 等新技术改变人们餐桌上的消费习惯。

美国的 Impossible Foods 是一家专门开发食品技术的初创公司。该公司从植物中提取原材料，成功生产了用于制作汉堡肉的人造肉。据称，人造肉是以大豆为主要材料，在其中混入了含铁元素的"血红素铁（Heme Iron）"使之带有肉的风味。公司旗下的一流研究人员致力于人造肉的材料、味觉、营养等方面的研究，位于硅谷中心区域的总部办公室俨然就是一所生物科技的实验室。

在美国，汉堡王（Burger King）等大型连锁餐厅采购了 Impossible Foods 的人造肉并推出了纯素的菜单。麦当劳则选择了 Impossible Foods 的竞争者别样肉客的产品，并实验性地推出了人造肉餐品。

在美国的消费市场中，人造肉的接受度越来越高，消费者可以在大型超市中购买到包装好的人造肉产品（图 8-8）。

图 8-8　在美国的大型超市中，人造肉已经摆上了货架。以植物原料制作的
"OAT MILK（燕麦奶）"拥有与普通的牛奶相当的市场份额
资料来源：美国加利福尼亚州的某大型超市。

美国，供给变化带来消费观念的变化

据日本时事通信社（Jiji Press）2022 年 1 月 28 日报道，麦当劳推出的人造肉汉堡大受欢迎远超预期。据称，每家门店每日能售出人造肉汉堡约有 70 个，销量是预期的 3 倍。

肉用畜禽的饲养需要耗费大量的水源及牧草饲料，而人造肉能大幅度削减这部分的成本。以 Impossible Foods 的人造肉生产成本为例，相较于饲养一头牛，想要生产同等质量的人造肉和牛肉，在每头牛身上要多耗费半个浴缸的水及 75 平方米的牧草。

人造食品的种类还在不断增加。使用燕麦、杏仁等植物为原料生产的人造奶也越来越常见。例如，在美国的超市中，

燕麦人造奶"OAT MILK"的销量与普通的牛奶相当。

运用 AI 提升人造肉的风味及口感

消费者都十分关注人造食品的风味。有一些企业正尝试运用 AI 提升人造食物的风味，使之更接近真实的肉类。其中就包括瑞士的香料大厂芬美意。

在分析了数千组参数之后，芬美意确定了能够再现真实肉类风味的材料与香料。在此基础之上，真实肉类脂肪的口感、炖煮之后的风味、煎炒之后的风味等也被一一地还原了出来。

今后，人造食品的行业会涌现更多的后起之秀。新的入局者将运用 AI 等技术手段，采用对环境影响更小的原料，并试图还原真实肉类的风味及口感。据称有几家日本的大型食品企业也开始布局人造食品行业。另外，通过培养细胞制造人造肉的技术方法也出现了。

如果人造食品的生产端能靠近消费市场，建在城市内的话，物流所需的燃料成本也可以节省下来。这样一来，在供应链方面也能减少对环境的负担。

⊕ 美国的 Brightseed, Ltd.

运用 AI 从植物种皮中提取有利于健康的化合物。

人类的食物当中含有许多成分未知的化合物，其数量浩

如烟海。不局限于已知的食物，而是从多样的植物中识别未被
发现的植物分子，发掘对人体有益的化合物，这能帮助人们远
离粮食危机。美国的初创企业 Brightseed 运用 AI 鉴定植物
分子，加速发掘对人体健康有益的化合物。

生物科技公司 Brightseed 的经营目标是发掘全新的植物资
源，并为人类健康、环境保护做出贡献。公司独立开发的 AI
大数据平台"Forager"能快速鉴定和预测植物分子的成分，比
以往的研究方法快 100 倍。

公司的开发和研究对象是生物活性物质，即植物体内的
小分子化合物（图 8-9）。生物活性物质能够给人体健康带来
各种影响，经常被用于制造食品、饮品、药品等。例如，姜黄
中的姜黄素、茶叶中的咖啡因、阿司匹林中的有效成分乙酰水
杨酸等均属于生物活性物质。在一部分的抗癌药物中也含有生
物活性物质。

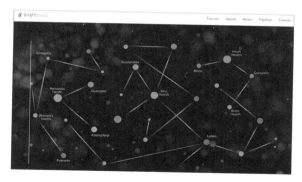

图 8-9　植物体内存在着多种小分子化合物，它们对人类健康有着积极的影响
资料来源：Brightseed 的公司主页。

Brightseed 在短短 4 年间成功映射（Mapping）了 120 万种以上的植物化合物分子结构。2022 年 3 月，该公司宣布从麻籽的外壳中发现了两类有利于人体健康的强效化合物。研究显示，其中一种化合物能从小鼠的肝脏与人体细胞中除去脂肪。

据称，截至目前人类已知的生物活性物质仅有 10 万种，不足自然界总数的 1%。剩余的 99% 中蕴藏着无限的可能性有待发掘。

Brightseed 的联合创始人兼 COO（Chief Operating Officer，首席运营官）索菲亚·埃里森德（Sofia Elizondo）受访时表示："新的健康解决方案蕴含着惊人的可能性，但它往往隐藏在人们意料之外的地方。例如，植物的种皮或外壳就是造福人类健康的金矿，人们并没有意识到其中价值，全当作垃圾扔掉了。"

预计 Brightseed 将于 2025 年完成对自然界中约 1000 万种生物活性物质的分析工作，明确其中的健康功效，并向食品制造、健康保健等行业供应相关的植物小分子产品。这一努力将为全人类的发展做出卓越贡献。

Brightseed 的案例反映了 BASICs 框架中的 S 要素（规模化与持续优化）。这种模式不依赖人力，利用 AI 技术及长期累积植物分子数据的平台，该公司可以快速地鉴定与预测各种生物活性物质的分子结构，发掘其中衍生出的全新可能性。

Brightseed 的 AI 预测已经证明了自身的实力，并获得了大型企业的关注。此前，法国的大型饮料制造商达能（Danone）已经签署了与该公司的合作协议。

第 9 章 ＿□☒

强化区域经济

"强化区域经济"的大课题中包含三类具体的社会问题，分别是：①保障供应链，促进发展；②刺激地方经济，扶持中小企业；③实现可持续的生产与制造。

经济活动的持续带来社会的发展。如果企业无法生产产品或无法提供服务的话，人们的社会生活将无以为继。单凭自给自足的生产方式是无法维持现代社会的规模和生活水平的。

仅依靠生产设施无法实现可持续且高质量的生产制造。不拘一格的人才才是生产过程中的关键。随着少子化与老龄化日益加剧，隐性知识的传播成了一个大问题。"实现可持续的生产与制造"的重要性值得引起关注。

通过不同维度的观察分析，将隐性知识转换为可以描述的显性知识，这也正是 AI 所擅长的领域。如今的 AI 能对影像、声音、传感器等多模态数据进行综合分析，提炼出人类实践活动中的经验与窍门。

　　直至今日还坚持在公司一线的资深员工或许再过数年就到了退休的年纪。现在就应该开始利用 AI 帮助我们传承老一辈的技术和经验。

　　保障了生产端并非就解决了全部的问题。产品若无法在有需求的时候被运送往有需求的地方，那就毫无意义。相反，大费周章地往没有需求的地方运送产品则仅仅是加重了成本负担，同样是毫无意义的。这就是生产力与需求的错配。在平时我们对这种错配的感受并不深刻，新冠疫情时期的物资不足让每个人深刻地体认到了其中的问题。"保障供应链，促进发展"的工作对全社会而言也是不可或缺的。另外，如何在保障供应链的同时减少二氧化碳的排放，应对气候变化，也是需要权衡的问题。

　　在整个供应链当中有许多环节，除运输及交付状况之外，库存、销售额、营利等各个环节也会产生数据。因而可以考虑将 AI 自主学习模型置入供应链体系之中，横向部署并行处理物流数据。这样的全新尝试已经初见成效。

　　社会问题并不仅仅是人口密集型大城市的问题，也不仅仅是向国家缴纳巨额税款的大企业的问题。从涉及人口数与保障供应链的角度来看，地方乡镇及中小企业的活力是至关重要的。东京、大阪、名古屋三大都市圈之外的常住人口占全日本人口的约 5 成。从就业人口的总数来计算，七成的人进入了中小型企业。采取"刺激地方经济，扶持中小企业"的举措，才能实现全社会的均衡发展。

当下就是乡镇地方及中小企业通过 AI 与 DX 及 Web3 新技术提高竞争力的好时机。引进新技术能减少成本，而云技术的普及也使互联网基础设施的搭建门槛大幅降低了。

中心化的数字组织 DAO 是有识有志之士参与地方与区域活动的好方法。以通证为激励的组织架构已经臻于完善，Web3 技术背景下的区域经济振兴与以往的任何一次都大有不同，或许能让人耳目一新。

① 保障供应链，促进发展

🌐 大和运输（Yamato Transport Co., Ltd.）

> 运用 MLOps 精确预测 3 个月内每日的业务量。

在新型冠状病毒肆虐之际，日本的电子商务迎来了迅猛的发展，这对于物流行业是一个巨大的挑战。大型物流公司大和运输意识到了即将来临的电子商务浪潮，早在疫情之前就开始运用 AI 来预测物流的业务量。该公司运用了名为 MLOps 的全新技术手段，不断地提高业务量的预测准确性，是日本国内较早使用该方法的大型企业。

在本书的第 1 部分已经提到了大和运输。该公司于 2021

年开始正式启用了 MLOps 的预测系统，是充分运用 AI 自主学习模型的典型案例。其背后则是爱克萨科技的技术支持。

大和运输正积极推进数据牵引的经营管理模式改革。母公司大和控股（Yamato Holdings co., Ltd.）于 2020 年 1 月宣布了经营结构改革计划 "YAMATO NEXT 100"。其中，明确提出了 "物流快递服务的 DX" 及 "数据牵引型的经营模式转型" 等基于数字化的改革目标。

据 2021 年度数据，大和运输每年约要处理 22 亿 7600 万件包裹。目前，该公司能提前 3 个月预测全日本约 3500 个快递网点每一天的业务量。基于此，公司可以优化资源配置，有效部署网点员工及车辆，实现控制成本的目标（图 9-1）。

图 9-1　大和运输的物流网点

资料来源：大和运输。

负责大和运输 DX 战略的执行委员中林纪彦在接受采访时说："当前的目标是加快应用机器学习模型并降低物流负荷。每个月我们使用若干套机器学习模型，覆盖广泛的应用场景。一线网点一直都是高负荷运转的。为了扭转这种局面，构筑 MLOps 的运行环境，开发高效的机器学习模型是很有必要的。整体而言，运用上预测系统之后能节省原先 2/3 以上的工作量，目前可以很好地满足业务部门的各种需求。"

对于预测结果的反馈有"上扬"与"下探"两类。例如，反馈为上扬就意味着要应对着大量的包裹，物流负荷较大，必须加倍努力。相反，反馈为下探则意味着投入资源过剩，这将带来赤字。AI 就在上扬与下探之间权衡利弊，寻求资源的优化配置。

目前大和运输的预测系统中已经加入了对电子商务发货量的预测功能。该项功能基于对过往数据的分析，能近乎实时地反馈当前的业务量，实现了系统的可视化。其中一部分的物流业务会外包给其他有合作关系的物流公司。基于对业务量的预测，大和运输会通知合作的物流公司提前做好准备，而超出预测的部分则自己来负责。目前，运用这套预测模型能对 2~3 周之后的业务量进行准确的预测，由此来决定此后一周的委托数量。

中林纪彦对此表示："只有实现了资源的优化配置，才可能保障'YAMATO NEXT 100'中提到的 6% 利润率。即只有构筑好 MLOps 的系统运行环境，才可能达成这 6% 的目标。我们正是基于这个预期不断推进机器学习模型的运用。"

目前，大和运输所承运的包裹数量还在不断地增加，而在每一件包裹上耗费的运输及作业成本却在不断降低，从 2020 年 3 月至 2021 年 3 月的一年间，公司营业额由约 3% 上涨至 5.4%。

大和运输的个人会员服务"黑猫会员"其注册人数超过 5000 万。此后，公司将对个人会员数据进行分析，用于电商的产品营销。

可以预期，像大和运输一样将 MLOps 结合 AI 自主学习模型并加以熟练运用的企业将获得巨大的商业竞争力，让其他的传统企业望尘莫及。

截至今日，日本的中央及地方政府只要遇到有效的管理手段就会迅速进行引进，用于提高自身应对出生率下降和人口老龄化的能力。但是对 MLOps 而言，一线基层的改革及 DX 人才的配置自不必多说，决策层自身对相关问题的认识也是必不可少的。MLOps 的技术手段要利用各种数据来提高预测的准确度，由此才可能获得商业利益，需要决策层认识到数字化转型的价值。这个案例的成功源自经营的规模化及持续的优化，对应了 BASICs 框架中的 S 要素。

🌐 美国的沃尔玛（Walmart, Inc.）与 Pactum AI, Inc.

> 随机应变且足智多谋的 AI 谈判机器人，为无数客户开出无法抗拒的条件。

新冠疫情导致居家的人数一度激增，供应链的复杂化问题日益凸显。其间诞生了一家提供 AI 谈判服务的初创公司。公司运用 AI 应对"新常态"，能对接海量的客户并事无巨细地进行商务交涉。

大型经销商的客户或大或小，数量众多。一一应对并优化匹配客户需求的工作对企业而言难于登天。市场占有率全球第一的零售巨头美国沃尔玛就常年要应对此类问题。该公司在与商务谈判的过程中运用了 AI 技术，能自动与客户就交易条款进行交涉。

可以理解为商务谈判的过程中人类的工作被 AI 所取代了，这对沃尔玛的客户而言是有好处的。面对海量的业务，人类的项目负责人往往无暇应对中小客户的诉求，但是 AI 机器人则可以不断为客户修改交易条款，直至开出客户无法抗拒的条件（图 9-2）。

"AI 负责人"代替人类对接客户的时代已经来临。以下就是 AI 通过聊天软件与客户协商谈判的实际对话内容。

AI 负责人：您好，约翰。您是否介意回答几个问题，帮

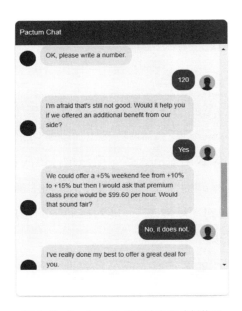

图 9-2　Pactum 的 AI 与客户的谈判截图

资料来源：Pactum 的公司主页。

助我们加深对于贵公司交易条件的理解？例如，以下三项，贵公司希望先谈哪一项？①将付款日期由 30 日缩短至 20 日；②独家授权合同由 1 年延长至 2 年；③违约金罚款。

约翰：让我想想，按重视程度应该是②③①这样的顺序吧。

AI 负责人：那么，目前单价 105 美元的服务项目，还有优惠空间吗？

约翰：那就 100 美元吧。

AI 负责人：如果是那样的话，我方的赢利太少，无法同意这样的交易条款。服务单价定为 95 美元，周末发生的交易再追加 10% 服务费，这样是否可以考虑？

约翰：那样可不行。

AI 负责人：我方打算给您开一个好条件，下面是交易条款。服务单价在 95 美元的基础上再上调 1 美元，并额外签订 2 年期的独家授权合同。另外，服务前 24 小时之内取消订单所产生的违约金降为 70%。

约翰：嗯，那成交。

AI 负责人：那么，请点击 DocuSign（文档签名）链接，跳转至签约页面。

与中小客户的深入交涉

很快，像这样运用 AI 项目负责人对接小额交易客户的情况将会变得十分普遍。通过聊天软件的商务谈判已经司空见惯，交易对象甚至无法判断对面的负责人是 AI 还是人类。

据报道，沃尔玛已于 2020 年度实验性地引进了 AI 商务谈判服务。该服务是由硅谷的初创公司 Pactum 所提供的。除物流行业之外，对供应链依赖较大的机电制造企业也是该服务的主要客户。

像沃尔玛这样的零售巨头，与之存在商品或服务上合作关系的客户总数超过 1 万家。目前为止，公司与少数大型企业间的交易金额占交易总额的大部分，但交易金额较低的中小型企业却占客户总数的约八成。对负责人而言，每一季度与所有客户对接并重新拟定交易条款的工作是巨大的负担。以往只能通过扩充人手来应对这项不起眼的工作，导致业务处理成本的膨胀。

AI 能否成长是竞争成败的胜负手

有了 AI 商务谈判服务之后，情况将会大为改观。AI 的优势在于干脆利落地决策，可以根据市场行情不断更新交易条件。但是 AI 也并非一味地压低交易单价谋求利润，在交涉的过程中也会权衡客户的诉求。

满足了一定条件的情况下，AI 会在一部分的条款上做出让步，提高交易价格以寻求平衡。一些中小型客户反馈，AI 负责人比人类的负责人更能体谅自己公司的处境。

在 AI 商务谈判服务的过程中，所有客户诉求及交易条款都会保存为数据，从而沃尔玛能收集包括中小企业诉求在内的交易相关数据。有了数据的积累，AI 就能为交易双方提供更加理想的交易条件。如此一来，就有更多的企业会主动地寻求与沃尔玛的合作关系。AI 商务谈判服务就是在供应链上的自主学习模型，这有利于扩大规模并不断深入优化，对应了 BASICs 框架中的 S 要素。

商务谈判 AI 这种 SaaS 服务在经销商一侧得到普及之后，可能促使供应端也启用 AI 服务，使供应商与经销商双方的 AI 进行商务交涉，交易条件瞬间就能达成匹配。

另外，在使用 AI 商务谈判服务的同时，要让 AI 学习过往的交易数据，并有针对性地人为制定交易策略。如何使自己的

AI 变得更聪明，将成了竞争中的胜负手。不善于交涉的 AI 负责人无疑将导致企业在竞争中落败，经营者比以往的任何时候都更需要及时的市场情报。

🌐 日本的杉药局（Sugi Pharmacy Co., Ltd）

> AI 优化上架商品清单，提高门店销售业绩。

连锁药店杉药局提供药妆商品及配药服务，在日本国内各处设有大量的门店，经营情况十分复杂。该公司已于 2021 年下半年开始尝试使用 AI 优化门店上架商品清单。通过优化门店销售商品的组合，减少不必要的库存，进而争取提高销售业绩。借助 AI 对商品清单进行评估优化，能大幅度提高各门店的竞争力。

在零售行业中，如何利用有限的门店面积来实现最大的销售业绩，如何为进店的顾客提供更好的消费体验，是老生常谈的问题。顾客的最终接触点是各门店的货架。因而如何根据顾客的需求与消费潮流的变动，灵活地调整上架商品，优化货架的分配是一项重要的工作。

大型连锁经销商所经手的商品种类繁多，在某些门类下，具体的商品种类就达数百。各门店需要消耗大量的人力将指定的商品摆放到特定的货架上，另外也需要根据销量对货架上的商品进行取舍、替换，调整货架空间。上架商品的组合令人眼花缭乱，难以在工作手册中进行总结。因而以往货架整理往往依赖店长的经验，根据每个门店实际情况优化货架分配是难以实现的。

公司总部根据门店销量优化货架分配

"上架商品优化 AI 系统"能用于解决这一问题。实现的途径有两条：其一是从庞大的商品类目中自动估算能带动门店销售业绩的商品组合，基于此制定各门店的货架分配规则；其二是根据过往的商品销售情况，分析特定商品的可替代性，基于此选择可以下架的商品并上架同类产品。该系统的运行主要依赖于对终端销售数据（Point of Sale, POS）的 AI 分析结果。

执行规则中规定，基于整体数据优先上架畅销商品，这样能使畅销的商品（即优质商品）在更多的门店上架。规则中还规定，有顾客复购预期的商品，以及顾客号召力较高的产品（如特定品牌的产品等）均不可下架。

杉药局的连锁店分布于日本关东、中部、关西、北陆等地区，合计拥有超过 1500 家门店。各门店的上架商品分门别类，由总部的负责人决定（规划部、采购部）。货架的分配每年大幅度调整更新两次，借此机会运用 AI 对上架商品清单进行优化。总部的负责人可以调整用于优化配置的数据来源，数据范围的精度可调，备选项包括区域、店铺集团及全日本等不同规模。

基于试运营结果，全系列门店普及 AI 系统

杉药局运用 AI 优化上架商品清单的主要目标是实现商品上架流程的标准化，以此提高门店的销售业绩。

2021 年下半年试运营的结果表明，货架分配工作的业务标准化能够带来销售业绩的提升。以往货架分配的工作依赖店长经验，存在个体偏差。据称流程标准化能在一定的程度上提高业务的平均水平，达到托底的目的。在试运营期间，标准化为各门店销售业绩带来了超乎预期的影响，在公司内部也备受好评。

杉药局于 2021 年下半年开始运用 AI 优化门店上架商品清单，AI 系统在试运营中获得了良好的反馈（图 9–3）。今后将在全系列的门店普及这一系统。

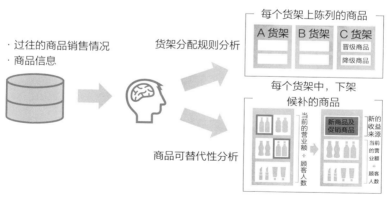

图 9-3　杉药局运用 AI，对门店中出售的商品组合进行优化，决定上架商品清单
资料来源：ExaWizards。

推动 AI 系统的多场景适用性

"上架商品优化 AI 系统"是由杉药局与爱克萨科技合作开发的。目前的计划是在该系统运行一个周期（1 年）之后，整理需要改进和添加的功能。主要的着力点应该在于优化系统用户界面（User Interface, UI）、UX，进而提高系统的易用性。

对超市、便利店、家装商店、电器商店等零售行业而言，货架分配的工作是必不可少的。AI 的上架商品优化系统将来也可能被运用到其他行业之中。

杉药局的案例反映了赋予数据价值的必要性，它反映了 BASICs 框架的多个要素。试运营的成功使公司认识到了 AI 系统的价值。决定项目成败的关键是实现效果可视化的 A 要素。

② 刺激地方经济，扶持中小企业

⊙ 日本的群马县前桥市、帝国数据库（Teikoku Databank, Ltd.）、东京大学等

> 前桥市、帝国数据库、东京大学等机构通力合作，实现了行政大数据与房屋空置情况的可视化，应用于防盗与区域发展。

日本群马县的前桥市使用长期积累的行政大数据，借助 AI 判断房屋空置情况。在整合各个行政部门的数据之后，可以迅速判断房屋是否空置，其准确度高达八成。通过算法的迭

代，还可以继续提高判断的准确度，有助于市政府制定城市规划及展开防盗工作。目前，前桥市计划无偿地向其他地方政府提供该套解决方案，横向推广这套系统。

前桥市未来创造部未来政策科的谷内田修科长就自己的工作介绍道："今后所有的政策将基于数据进行制定，并要持续评估政策的后续效果。政策制定与效果评估的共通语言就是数据。"自 2019 年度起，该市与帝国数据库、东京大学、三菱综合研究所共同启动了一个项目，旨在合作开发出一款 AI 算法，用于判断房屋的空置情况。以往的房屋空置情况调查工作通常委托给民间机构，据称实地的走访前后约需耗费 1 年，且因调查员的个人业务水平不同，判断的结果也存在较大偏差。

为了解决这一问题，项目的各成员想到的办法是利用长期被埋没的行政大数据。前桥市的山本龙市长也十分支持这个项目，而谷内田修科长则为了收集不同数据每日往返于市政府的不同科室之间。

实际上需要做的工作就是打破市政府各个科室之间的数据藩篱，收集住民科所保管的住民基本台账记录（类似于居民户口簿），水道局（类似于水务局）记录的家庭自来水使用量，以及税务科的固定资产缴税情况，并将这三方数据用于综合比对分析。政府与民间企业一样，各个部门之间的数据互不共享的情况比比皆是。在新的项目中，除了上述数据，以 PDF 形式公布的往年房屋空置情况调查报告也是 AI 分析和学习的数据来源。

项目以真实的空置房屋作为标的，将与其相关的数据投喂给 AI，用于提炼数据之间的特点。例如，某处房屋的相关数据中包含了自来水使用量的记录，那么该处房屋有人居住的概率就很高。

但是遇到公寓楼等的情况，因楼房特点（日本的部分公寓楼不强制每户安装水表，以楼房总用水量除以楼内户数计算用水收费），可能无法逐户确认自来水使用量。这种情况下就要综合考虑相关数据中有无固定资产的缴税记录、有无户籍迁移的相关记录，多方面地判断房屋是否空置（图 9-4）。

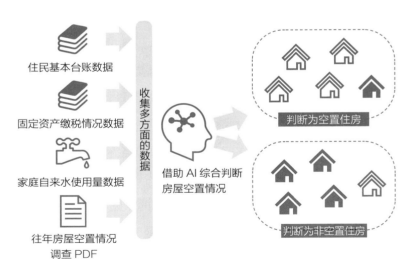

住民基本台账数据

固定资产缴税情况数据

家庭自来水使用量数据

往年房屋空置情况调查 PDF

收集多方面的数据

借助 AI 综合判断房屋空置情况

判断为空置住房

判断为非空置住房

图 9-4　整合各部门的行政大数据，对房屋空置情况进行分析。白色房屋图标表示空置住房

资料来源：ExaWizards。

以 0~1 描述房屋控制概率

房屋空置的可能性以 0~1 来描述。预测数值高于 0.5 的情况则房屋空置的可能性较高。AI 判定为空置的房屋中，实际上确为空置的占八成，而判断为非空置的房屋中，实际上空置的占两成。谷内田修科长向我们表示："只有在某处房屋被 AI 判定为空置时，市政府才会派人上门确认，这样能节约劳动力，大幅削减预算。"

负责数据整理的是东京大学及帝国数据库企业部企划科的科长助理六信孝则。综合分析数据时，对齐时间与单位的"打磨"作业必不可少。六信孝则表示："利用数据与 AI，我们可以判断所有房屋的空置情况。通过绘制数据地图，能实现房屋空置情况的可视化，这样有助于直观地掌握不同区域的房屋空置率变化。今后计划运用无人机上搭载的热成像传感器来提高判定精度。另外，我们也正在研究将建筑外观的照片纳入分析的手段。"

AI 判定系统的横向推广

为什么前桥市要耗费精力制定政策应对房屋空置情况呢？

在日本，空置的房屋逐年增加，当前全日本的平均房屋空置率已超过一成，这是制定政策的现实背景。面对这样的现实，政府不仅要面对房屋老化的危险，房屋空置导致的入室盗窃等犯罪率攀升也是一大问题。谷内田修科长指出："如果房屋空置率达到一定的比例，就会给治理工作带来各种困难。同样都是空置房屋，其中有一些是危房，有一些则不是，应对方法也有所不同。另外，需要考虑的不仅有当前的问题，我们还要估算将来的房屋空置率，判定哪些区域的房屋空置率将会进一步提高。我们打算将研究的成果分享给其他地市，横向推广这套 AI 判定系统。"

前桥市的市长对 AI 的判定系统持开放态度，力主基于数据制定与执行政策。正如该市的案例，之所以能够统合各科室的市政数据，离不开市长自上而下的领导。但是市政府的行政手段有其自身的局限，通过制定激励政策，设法从上游供应端避免房屋空置则是今后的课题。就此谷内田修科长指出："政府与从事城市开发的民间企业需要相互合作。"

基于对房屋空置情况与人口迁移情况的预测与分析，通过实施新政政策与城市开发计划，前桥市将会迎来怎样的崭新面貌呢？前桥市能为下一代留下怎样的资产，这将成为未来城市发展的抓手。

统合数据、赋予价值

在这个案例中反映了 BASICs 框架中的诸多要素，最值得一提的是 C 要素（数据价值化）。市政府所积累的数据大多为纸质资料和 PDF 文档，无法直接用于 AI 分析。这样的数据在收件人阅读之后就失去了价值。将这些纸质数据转化为电子数据之后，才可以用于统计和分析。派人走访也无法确认房屋是否空置的情况下，借助 AI 对无人机拍摄的建筑外观照片及热成像影像等多种数据进行综合分析，或许可以做出准确的判断。

仅凭专人走访无法判断房屋空置与否的情况，可以借助 AI 来进行判定。在将来，还可以借助 AI 预测那部分区域的房屋空置率可能进一步提高。数据将成为城市治理的抓手。

对城市居民解释政策的时候，也将结合实际数据，提高政策的说服力。技术上数据的可视化已经可行，如今 Web3 的价值观快速普及，要求施政效果可视化的呼声将越来越高，这反映了 BASICs 框架的 A 要素（效果的可视化）。

今后的政策将基于 AI 预测的结果进行制定，并不断跟踪政策效果。如果效益不彰则马上以其他政策进行替换，这就是 BASICs 框架的 S 要素（扩大规模持续优化）。政策取得了成果之后马上推广到其他地市，在收集更多数据之后，或许还能获得更多新发现。随着数据变得复杂多样，仅凭人力将难以做出判断，而这正是 AI 发挥实力的时候。

最后需要强调说明的是 BASICs 框架的 B 要素（行为模式的变革）。往返于市政府各科室的谷内田修科长，为项目提供支持的山本龙市长，有了两位的实际行动，政策才可能落地。随着市政府政策可视化的推进，城市居民的意识与行动也可能随之发生变化。

将纸质资料转化为电子数据，综合多方面的数据，基于

BASICs 框架解决社会问题的事业已经步上正轨。

⊕ 日本的岩手县紫波町、Makoto, Inc.、新潟县山古志地区

> 地域性的 DAO 与 NFT 陆续登场，人才济济百家争鸣。

日本岩手县紫波町于 2022 年 6 月宣布建设"Web3 城市"，为解决区域问题组建了 DAO。DAO 的工作重心是联合各地区的有识之士。新潟县山古志地区发行了 NFT，购入者则能成为该地区的数字居民。

由日本地方政府组建的 DAO 非常罕见。紫波町的 DAO 暂定名为"家园 DAO（Furusato DAO）"。

正如前文的说明，DAO 是一种新型的组织架构，内部能进行通证的交换，以去中心化的形式，基于某一条件签订契约或进行决策。组织中的一切活动都在互联网上推进。相较于由领导或负责人进行决策的其他地方性组织，DAO 存在本质不同。

家园 DAO 的组织工作计划如下：①以 DAO 召集人才，集思广益应对本区域的社会问题；②运用 Web3 技术发行新型区域货币（即通证）；③以新型区域货币缴纳故乡税（"故乡税"是一种振兴地方经济的捐款抵税制度），再以 NFT 映射的

数字艺术品作为缴纳故乡税的谢礼；④招商引资，吸引能推动 Web3 技术发展的企业入驻。

为实现上述目标，除紫波町当地的公务员及市民，来自全球的民间企业、地方商户、各类团体都能加入这个 DAO。

截至 2022 年 5 月末，紫波町人口约为 33 000 人，生活着约 12 000 户人家。其中，65 岁及以上的高龄人口占比为 31%，较全日本的平均水平 29% 还高出 2 个百分点。人口减少与老龄化问题是许多地方政府所要面对的社会问题。紫波町能否依靠家园 DAO 吸引更多的人才，增加年轻人口的迁入，提高区域活力值得持续关注。

紫波町的家园 DAO 是由地方政府主导的。同为日本东北地区的案例，为提振区域活力而设立的"陆奥 DAO（Michinoku DAO，陆奥是日本东北地区的旧称）"则是由投资公司 Makoto 主导的。陆奥 DAO 的设立目标是在日本的东北地区建设 Web3 经济圈，工作内容是构筑虚拟社区，对接区域内的公司业务，协调政府与民间的沟通。目前，他们也发行了 NFT 和区域性通证。

购买锦鲤 NFT，成为数字居民

新潟县山古志地区开始销售以 NFT 映射的数字艺术品（图 9-5）。2004 年，新潟县中越地震中受灾的原山古志村于 2005 年并入了长冈市。

山古志地区的案例可谓是"榨干"了人们对 Web3 的

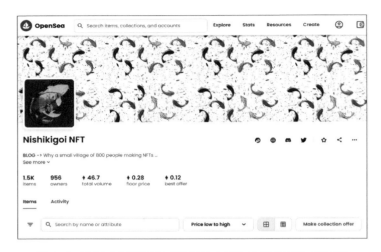

图 9-5　NFT 交易平台已上架了原古志村的 NFT 映射数字艺术品
资料来源：OpenSea。

想象。

地区 DAO 山古志居民会议中也有外部的有识之士参与其中。居民会议对极具地区特色的数字艺术品 "Colored Carp" 进行 NFT 映射，取名为 "锦鲤 NFT（Nishikigoi NFT）" 进行拍卖。居民会议会将购买者的信息登记在区块链上，将其视为该地区的数字居民。

山古志地区的居民人口约为 800 人。截至 2022 年 7 月，"锦鲤 NFT" 的购买者就超过 900 人，人数超过了山古志地区的居民人数。NFT 的加密资产通过以太坊拍卖。截至 2022 年 7 月 17 日，购买者可以按每件 0.3 以太币的价格购入此数字艺术品。1 以太币在当时可兑换 185 000 日元，按此换算每件艺术品约值 55 000 日元。在"锦鲤 NFT"拍卖的初期价格仅为 0.03 以太币，仅相当于 1.5 万日元，而此后参加竞拍的门槛逐渐提高。

山古志居民会议在发行与销售 NFT 获得收入的同时，也组建了由数字居民构成的新社区。在社区中人们可以各抒己见，并投票决定地区的各类事项，而后可以运用销售锦鲤 NFT 的收入来执行众人的想法。

除了 DAO 等互联网上的交流，现实世界的人际交流也开始。据日本经济新闻报道，于 2022 年 5 月举行的直销活动上，数字居民也到场参与。另外，山古志居民会议上有一个议案：原山古志村居民若有意愿可以获赠"锦鲤 NFT"，可以加入 DAO 与数字居民进行互动或合作。这个议案在投票中全票通过并正式执行。据称会议的讨论过程使用了聊天软件"Discord"，而投票使用的是"Snapshot"。后者是个去中心化的投票平台，发行决策专用的令牌用于投票。

如今，原山古志地区以锦鲤和梯田作为地区名片向日本全国宣传本地的旅游资源，并结合 NFT 挖掘出了全新的价值。对同样希望活用 Web3 的各个地区而言，发掘与审视自身的旅游资源的行动变得更有必要了。

⊕ 加拿大的 Shopify, Inc.

> 号称"亚马逊杀手"的电商平台，运用 AI 为中小型企业经营者提供资金支持。

加拿大的 Shopify 为中小型企业的经营者提供电子商务平台及相应服务，借此得以迅速成长，获得"亚马逊杀手"的称号。平台订阅费十分优惠，用户最低每月仅需支付 29 美元。利用 AI 为中小型企业经营者提供金融服务的业务，则成了该公司的主要收入来源。

电子商务平台 Shopify 所提供的服务能帮助没有数字信息方面技能的经营者快速搭建适合自身经营特点的网店。该项服务广受好评，由此 Shopify 得以飞速成长。该公司的电子商务平台功能齐全，电子结算、库存管理、销售数据分析，以及借助于社交媒体的产品营销功能等一应俱全，加入平台的经营者不需要具备编程能力也能快速搭建自己的网店。

Shopify 的电子商务平台与亚马逊相似，在线购物的消费者不会意识到自己正在使用 Shopify 所提供的服务。另外，在 Shopify 开店的经营者能享受到十分便捷的金融服务，此外线上销售功能则与亚马逊、乐天、易趣（eBay）、沃尔玛等各大电商平台别无二致。

基于交易情况分析经营风险

Shopify 的主要收入来源并非平台店铺的订阅费，而是为经营者提供金融服务所获得的收益。这部分收益反映在表格中就是浅色部分的"Merchant Solutions（商户扶持方案）"。这部分的收入占比逐年上升，目前已经达到总收入的七成（图 9-6）。

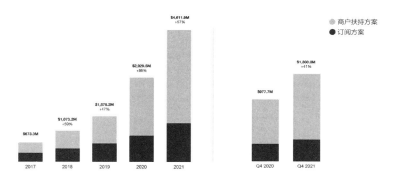

图 9-6　在 Shopify 的业务中"Subscription Solutions（订阅方案）"与"Merchant Solutions（商户扶持方案）"二者的营收变化。前者旨在帮助经营者快速开设网店，后者为经营者提供融资。图中信息表明，后者的营业额获得了大幅的提高

资料来源：Shopify 的投资人关系管理专栏。

"Shopify Capital"是一项融资服务，能迅速帮助苦于资金周转的中小型企业经营者筹集所需的资金。因平台提供的贷款不以实物商品作为抵押，若频繁遇到经营者抵赖的情况平台经营也将无以为继。

为了保障融资服务顺利展开，Shopify 运用了 AI。公司基于经营者在平台上的营收表现，分析评估可能回收的贷款上限。

根据 AI 评估的结果，Shopify 会为满足相应条件的经营者提供融资。据称，已经接受 AI 信用调查的经营者可以在申请贷款的 2~5 个营业日内收到款项。此后，接受贷款的中小型企业经营者能扩大自身的经营规模，而平台所收取的店铺订阅费也能随之提高。

Shopify 尚未公开服务的细节，但是有理由相信 Shopify Capital 是一项运用 AI 扩大经营规模同时保障持续优化的金融服务。这一点对应了 BASICs 框架的 S 要素。Shopify 可以根据平台上经营者的营业额、库存周转等情况，对其今后的成长预期及贷款回收预期进行评估，筛选出现金流安全的商户。消费者的满意度也会被纳入评估的标准。该服务能为资金实力薄弱的经营者提供必要的融资，可以实现平台与经营者的双赢。

从 Shopify 的案例中我们可以看出，能够提供金融服务的并非只有传统的金融机构，还有如今的电商平台。不需要抵押担保就能判断贷款上限的电商平台与传统的金融机构相比，更是有过之而无不及。

为发展中国家贫困阶层提供无担保融资的孟加拉国格莱珉银行 (Grameen Bank) 也属于此类案例。格莱珉银行基于交易情况大数据及高精度的 AI 算法展开金融业务，为高收益的中小企业经营者提供融资，以此创造社会财富，解决社会问题。

③ 实现可持续的生产与制造

🌐 日本制铁集团（Nippon Steel Corp.）与爱克萨科技（ExaWizards, Inc.）

> 借助 AI 传承生产技术，实现制造业的可持续发展。

制造业支撑着日本经济的发展，但是其也无法摆脱老龄化、社会劳动人口减少等社会问题的影响。以往因高精度为傲的制造业第一线，如今随着工业基础"远程化·自动化"的数字化转型（DX）步伐加快，生产技术传承的问题也随之浮现。打破这种困局的王牌是 AI。

日本制铁集团的东日本生产基地——君津钢铁厂西临东京湾，位于千叶县君津市。厂区占地面积约为 220 多个京东巨蛋的规模，日本制铁集团是世界上最大的制铁公司之一。目前，在君津工厂内的部分生产流程上，日本制铁构建了一个数据分析平台，借助 AI 有效保障成熟生产经验及技术的传承（图 9-7）。

在炼铁厂的生产第一线，重型机械被用于分离铁水中杂质及品位调整过程中产生的炉渣。作业全程要面对超过 1000 摄氏度的高温铁水，工作人员通过安装在车间的摄像机观察现场状况，并远程操作重型专用机械进行生产。

　　高温铁水在不同温度下的黏度特性，以及熔融物分布状况会发生变化，因而生产过程中，工作人员长年的生产经验与专业知识是必不可少的。为了有效地传承生产作业技术，必须将生产的作业流程指标化，将熟练工人的生产技能、诀窍形式化。

从多模态的数据中获得新知识

　　为了能利用 AI 对熟练工人的生产技巧，以及诀窍进行可视化处理，就需要收集多模态的数据并从中挖掘价值。

　　以生产线上分离煤渣的作业为例，需要收集以下一些数据用于综合分析，借此实现对作业情况的可视化。

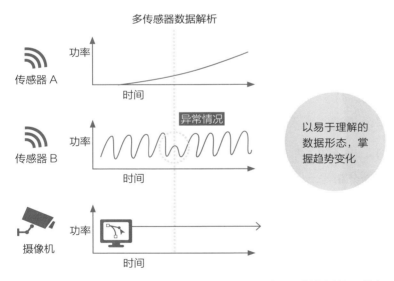

图 9-7　日本制铁所采用的 AI 作业辅助系统概要。综合分析多模态数据，能帮助新员工熟练掌握生产技巧，并辅助运营

资料来源：ExaWizards 新闻稿。

①传感器数据：重型机械的作业位置、速度等

②影像数据：监控炉渣分离状况，熔融物的状态等

③作业信息数据：作业时间、操作人员信息等

获取多种数据，进行多模态的综合分析之后，日本制铁就可以对以往难以归纳的生产技巧进行可视化处理，用于开发作业辅助软件，帮助新员工顺利开展工作。

日本制铁为多模态的数据赋予价值的努力，对应了BASICs 架构中的 C 要素。今后在生产的全流程上，这种 AI 算法将得到普及，对熟练工的作业过程进行可视化处理，为经验尚浅的员工提供辅助，帮助他们胜任更多岗位。同时，AI 中还可以加入结果反馈的机制，形成不断改善的正循环，不断迭代算法提高精度，以实现复利式的优化。

🌐 日本的尤海姆（Juchheim Co., Ltd.）

> 以 AI 传承匠人手艺，统一全球生产标准。

各行各业都意识到了传承匠人手艺的必要性。日本的大型食品企业尤海姆主营西式糕点。近日，该公司开发了一款AI 机器人用于烘焙年轮蛋糕。有了这款 AI 机器人，尤海姆就能在全球任何地点烘焙高品质的年轮蛋糕。借助于 AI 机器人，该公司获得了在全球各地拓展业务的"人才"储备。

"我们想把年轮蛋糕卖到地球的背面去。"

大型食品企业尤海姆的河本英雄社长正致力推动这项计划。

为此，2021 年年末尤海姆在英国伦敦的当地市场推出了公司的主营产品年轮蛋糕。该公司又于 2022 年 3 月闭幕的迪拜世博会上进行了蛋糕烘焙作业的展示。

与以往不同，烘焙蛋糕的并非糕点师，而是内置了 AI 的专用大烤箱"THEO"。仅需让 AI 烤箱掌握日本匠人的手艺，尤海姆就能在全球的任何地点烘焙年轮蛋糕，而不必派遣糕点师陪同前往。

在年轮蛋糕的烘焙过程中，糕点师要一边调整烤箱温度，选择加入面坯的时间，同时要将面坯卷在铁棒上。这个流程要重复 10 次以上才能完成烘焙工作。烘焙的火候及加入面坯的时间略有不同，蛋糕的风味就会发生变化。THEO 烤炉能代替糕点师的工作，借助影像及温度等传感器不断学习，分析蛋糕的烘焙状态是否合适。

仅需 2 周即可掌握匠人手艺

THEO 掌握糕点师烘焙技术所需时间仅约 2 周。AI 学习的范本数据包括面坯的重叠方法、烘焙的火候，以及烤箱的烘焙温度、时间等数据。另外，烘焙每层面坯时需要的铁棒旋转速度按照糕点师的设定值执行（图 9-8）。随着面坯的层数增加，年轮蛋糕的重量也随之增加，表层距离热源就越近，这就需要更加细微的调节。

图 9-8　AI 烤箱 "THEO" 及年轮蛋糕的烘焙过程
资料来源: 尤海姆。

　　尤海姆将 THEO 安装到门店之后，需要进行一段时间的试生产。设备调试期间生产的年轮蛋糕会打折销售。逐个生产时，蛋糕的品质十分稳定，但是确保连续生产稳定性的试生产还是有必要的。尽管如此，确认产品质量稳定的试运营还是必需的。另外，打折销售是为了尽可能减少因废弃食材造成的浪费。

　　THEO 投入生产之后，烘焙年轮蛋糕的过程不再需要糕点师的反复确认，无论哪个门店都能提供同等品质的产品。英国伦敦的门店中，一位糕点师因新冠病毒疫情被迫离职。而后在店铺重新开张之际，公司将 THEO 投入了使用。

　　目前投入使用的 THEO 一共有 5 台: 3 台位于日本，2台位于英国。据称，尤海姆还向其他公司提供了 5 台以上的THEO，日本国内外的设备数量还将不断增加。

⊕ 德国的宝马（BMW AG.），美国的英伟达（NVIDIA Corp.）

> 工业元宇宙到来，产品及生产线均迎来数字化转型。

AI 及 Web3 相关技术及应用对大型制造企业而言是一个新风口。随着机动车电动化、节能减排等措施不断出台，各国、各地区的环保相关法规不断完善，对企业提出的要求也随之逐年提高。部分汽车制造企业计划运用元宇宙技术，对设计及制造的第一线进行数字化改革。

2021 年 5 月，德国造车巨头宝马与美国半导体制造商英伟达共同公布了未来工厂的概念。未来工厂基于数字孪生（Digital Twin）技术，在元宇宙内对工厂的工作环境、员工配置等生产要素进行数字映射。有了这项技术，企业能精确地模拟导入新的生产流程之后可能发生的故障，并预演应对故障的方法（图 9-9）。

大型企业也无法避免新技术的冲击，必须借助 AI 及 Web3 技术对生产一线进行改革。宝马的每条新生产线最多能灵活地应对 10 款车型的生产工作，这是为了满足顾客的需求，允许在一款车型上选配不同配件。顾客可以在 40 余款车型中进行选择，每款车型均有 100 多种备选配件，有 2100 种可行的组合。据称，每年下线的约 250 万台汽车中，99% 是

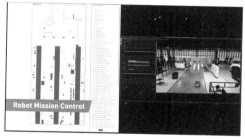

图 9-9　在 BMW 的云宇宙工厂中模拟生产全流程

资料来源：英伟达的 YouTube 频道《NVIDIA Omniverse-Designing, Optimizing and Operating the Factory of the Future》。

顾客定制的。

　　按照顾客需求定制车辆就需要确认生产线上各类配件的组合是否准确无误。有了近乎实景的元宇宙工厂之后，就可以在虚拟空间内预演现实生产线上的装配工序。

　　负责新车型生产的工程师不必离开德国总部就能预先操演一遍全球工厂中的生产流程。在映射现实工厂的元宇宙内，工程师能设计新生产线、布置机器人并组织试运行。在元宇宙中也存在数字孪生的虚拟员工，通过分析新生产线上员工的生产动作、工作时间，可以评估特定工厂的生产负荷、生产效率及生产安全等情况。

目前，宝马的匈牙利工厂正在筹建。在搭建现实的工厂之前，需要在元宇宙内先行确认生产工序并组织试生产。2022年6月英伟达召开的活动上，宝马的高层对记者表示，元宇宙中的匈牙利工厂已经完成了80%，而现实的工厂还几乎是一片空地。

随着数字技术的专业化、复杂化，往全球各处的工厂中派遣高级工程师是不现实的。到目前为止，人们只关注用于游戏及远程办公的元宇宙，今后元宇宙将作为一项必不可少的技术融入制造业的设计与制造环节，保障供应链，应对全球波动的需求。

元宇宙，即数字空间中产生的大量数据蕴含着无法估量的价值，今后运用 AI 自主学习模型的制造企业将会不断增加。

引领 Web3 时代的 AI 战略走向成功的 "体·技·心"

第 10 章

"体"：运用自主型组织架构变身 AI 工厂

在本书的第 3 部分，我们介绍一下 BASICs 框架在一些企业中的运用情况，这些企业采用 Web3 时代的 AI 战略，取得了一定的成果。即便是如今的 Web2.0 时代，想要运用 AI 技术取得成果也绝非易事。可以断言，要实现 DX 和创新并不容易。令人遗憾的是，日本企业在 AI 的运用上还有很长的路要走。

根据日本总务省《2021 年版信息通信白皮书》中"企业中 IOT、AI 等系统及服务的投入与使用情况"一节的统计，目前仅有 12.4% 的企业开始运用 IOT、AI 等新技术来收集和分析数据；这 12.4% 的企业中，还有部分企业未能完全掌握 AI 技术；即便加上今后计划采用 IOT、AI 技术的企业，这些企业也仅占总数的 22.2%。

规模化生产是日本企业的制胜法宝。倘若现在依然是规模化生产为王的时代，日本企业维持现状也并无不可。但是，Web3 的时代即将来临，日本的企业不能再置身事外，我们必须了解 Web3 和 AI 技术，准备好迎接"Web3×AI"的新世界。

面对全新的世界，企业应该如何转型？本书的第 3 部分将从组织架构、技术技能及从业人员心态三个方面入手展开分析。这三者并非相互独立的关系，而是相辅相成、相得益彰的。

日本的传统表演艺术、文化及武术等经常使用"体·技·心"的说法。它的意思是凡事若想做到极致，不仅要有技能，还得有心灵和身体上的准备。

我们可以把"组织架构"比作"体"，"技术技能"比作"技"，"从业人员的心态"比作"心"。下面将按照"体""技""心"的顺序展开说明。

⊕ 从深耕到开拓，增强创新能力

在这一小节我们来介绍一下推进 Web3 时代 AI 战略的必备组织架构，即"体""技""心"中的"体"。

如前文所述，许多日本企业精于规模化生产。它们擅长通过标准化生产逐步扩大现有核心业务，进而稳步扩大收益。与之相对的，它们不善于改革自身的组织架构，缺乏应对新时代的创新。此处的"创新"也可以理解为 DX。

一些读者或许听说过"双元性组织管理（Manager Ambidexterity）"的说法吧。查尔斯·A. 奥赖利（Charles A. O'Reilly）与迈克尔·L. 塔什曼（Michael L. Tushman）合著

《领导和颠覆》(*Lead and Disrupt: How to Solve the Innovator's Dilemma*) 一书。日本的读者大多是在该书中首次接触到"双元性"这一提法。我们这里所说的"双元性"特指企业管理过程中的"深耕"与"开拓"。按照该书中的定义,深耕强调高效、可控、确定性和一致性,开拓则强调探索、发现、自主性和创新性。深耕是指针对现有业务领域的开发,开拓则是指企业为了探索新的业务领域,并在竞争中取胜而采取的行动。

如果一家企业想要增加眼前的收益,最快的方法是在已经获得优势的领域继续精耕细作。开拓新业务的工作既费时费力,又无法保证带来收益。因此,日本的企业往往精于深耕而怠于开拓。

短期来看这似乎并没有任何问题,但是如果一味追求深耕,忽视了开拓创新,企业的中长期发展就会因此停滞不前。这种停滞就是所谓的"成功病(Competency Trap)"——坚持的陷阱。一家万众瞩目的企业之所以走向衰败,往往就是落入了这个陷阱。

"双元性组织管理"的关键是如何平衡深耕与开拓两个不同方面的重心,以保持组织不断发展的状态。

多数日本企业在深耕方面表现出色。但在 Web3、AI 等新技术不断涌现的新时代,为了占有一席之地,除深耕外,还需要提高开拓的能力,找到合适的经营模式。

⊕ 通过数字化，推动组织转型

企业应该如何提高开拓的能力呢？我们爱克萨科技借助 AI 技术帮助许多企业实现了 DX。凭借这些经验，我们构建了组织转型所需的框架，这个框架或许有助于提高企业开拓的能力（图 10-1）。

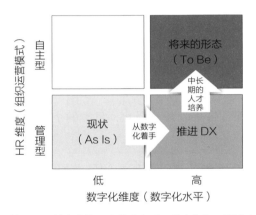

图 10-1　从 HR× 数字化的两个维度入手，数字先行，推进 DX 的框架

资料来源：ExaWizards。

我们构筑的框架中标定了两个维度：其一是组织运营模式革新的程度，其二是数字化水平。其中，组织运营模式关乎人事调动，无关技术，因而将这个维度称为人力资源（Human Resource, HR）维度。为了提高企业开拓的能力，HR 与数字化这两个维度的变革是不可或缺的。

我们的最终目标是搭建一个高度数字化的自主型组织。

改革运营模式势在必行，但在等级森严的日本企业中，"管理型"运营模式可谓是根深蒂固。将运营模式从管理型转变为自主型，这是一项旷日持久的工作。那么，我们不妨先从数字化的角度入手，即以数字先行，而后再逐步对企业内的人员和组织架构进行改革。

提高数字化水平能给企业带来什么好处呢？举一个例子方便理解。企业内部和企业之间联系时，或多或少地都会接触到视频会议程序或聊天软件。随着线上交流日渐便利，部门之间、企业之间的合作机会也随之增加。如有需要，负责人也能够在极短的时间内完成协商、敲定项目。

签章流程、审批流程，甚至是线下面对面的销售流程也将实现数字化，有条件的应该争取全流程的自动化。可以采用的方法包括基于 AI 的决策自动化，机器人流程自动化（Robotic Process Automation, RPA）等，这都将有助于提高工作的效率。

仅仅是数字化工具的应用还远远不够，对效果的评估，以及基于评估结果的快速优化也十分必要。我们的客户中有一些企业已经着手提高自身的数字化水平。与他们对话的过程中我们了解到，他们对数字化转型的成果颇为满意。

在本书的第 1 部分中，我们介绍了实现 Beyond DX 之前的几个阶段，分别是数字化、数据应用和 DX。随着数字化水平的提高，自然会积累海量的数据。仅仅积累数据并不是数字化，还需砍掉形式化的业务流程，通过全流程的自动化，让员工去从事具有更高附加价值的业务，这样的组织将更具主动性。

🌐 搭建自主型组织的 3 个 "S"

在 HR 的维度上，哪些工作有利于组织的转型呢？在日本，许多企业的组织架构是垂直划分的金字塔形，下级成员必须根据上层的决策来行事。虽然每年都按规定进行一两次的人事调整，但人员构成基本固定不变。在新冠疫情发生之前，大部分办公室采用"岛型"的工位布局，上司坐镇一端，其他成员围坐在长条办公桌两侧。这种办公室布局也正好反映了日本企业的组织架构。

在日本的企业中，终身雇用、论资排辈的文化仍然存在，管理层往往以遵守规则为名，消极怠工规避风险，员工则多是被动地等待上级的指示，仅完成交代的工作。此外，企业内的人事调整也基本只发生在同一部门之内。从众心理带来的群体压力，近乎互相监视的工作氛围充斥着整个办公室。在工作中，有合作关系的企业仅被视为代理商或承包商，我方负责人交付业务之后对于执行过程漠不关心，就像是个甩手掌柜，而所关心的仅仅是成本（价格）。

在这样的组织架构下，无论是深耕还是开拓都无从谈起。

在 HR 维度上，将管理型组织转变为自主型组织的关键是 3 个 S：组织架构（Structure）、管理风格（Style）、人才（Staff）（图 10-2）。

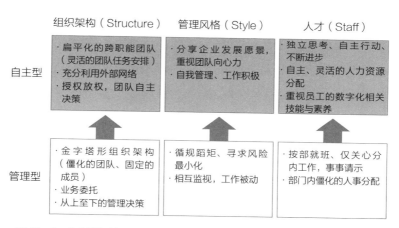

图 10-2　自主型与管理型组织中的 3 个"S"［组织架构（Structure）、管理风格（Style）、人才（Staff）］。为了推进 DX，在国际化竞争中胜出，企业必须寻求向自主型组织架构转型

资料来源：ExaWizards。

首先，来探讨一下如何改革组织架构。需要重新评估的项目有三个，分别是组织的治理方法、问责机制和决策方式。具体来说，首要的就是组建跨职能的团队（Cross-functional Team），并充分放权。这样一来，在一线的工作中就能减少向上请示的流程，团队自主决策，随机应变。在 DX 上较为成功的企业往往善于与外部的企业进行合作。外部的企业不被作为"代理商"，而是"合伙人"。若想要运用 AI 及 Web3 等最新

的技术来推进经营模式的转型，那么我们就有必要与专精特新的初创企业建立联系。如果仅将他们视为代理商，则无法建立深入的合作关系。

其次，第二个关键是管理风格。组织的价值观、文化，乃至管理层的领导能力，都将决定每个员工的工作状态。企业不仅要明确自身的利益之所在，还要明确组织的愿景（Vision）、使命（Mission）或目标（Purpose）。这些观念关系到了企业与社会的联系。对企业的管理层而言，最重要的职责并不是分配任务或下达指令，而是与所有成员分享上述的观念，调动员工的工作积极性。明确地宣导企业的愿景，并充分放权的话，组织内的成员就会能动地投入工作。这样一来，凡事等待上级指示，不求有功但求无过的项目负责人就会越来越少。

企业价值观、文化并非越一致越好，多样性有利于企业接纳新鲜事物。若公司全体成员的背景相似，则难以应对瞬息万变、推陈出新的技术浪潮。这种人事结构很难说是最佳组合。理想的组织必须具备足以应对变化的多样性。随着数字化水平的提高，采用远程办公的企业不断增加，这有利于我们实现更加灵活的工作模式。今后，雇用的形式也将随之变得更加多样化。

最后一个关键点是人才。人才是企业最大的财富。部门内部垂直的人才资源配置往往是死板僵化的。在思维僵化、一成不变的环境中，员工通常是循规蹈矩、按部就班的。他们被

动地等待上级的安排，只关心分配给自己的那部分工作。需
要做的是改革组织架构，同时提出大胆的人员安排，并优化
人力资源的分配。可以采用公司内部招聘或推介竞赛（Pitch
Contest）的手段，提供选择职位的机会，让员工找到自己的舞
台自主地投入工作；还可以设立专职部门，或者子公司来招揽
人才。理想的员工要能够独立思考、自主行动、不断进步。另
外，组织不仅要考核员工的工作业绩、业务处理能力、人际交
流能力，还需要正确地评价员工身上所具备的数字化素养，以
及相关技术的应用能力。员工的数字化素养以及技术技能是关
乎企业数字化转型的原动力。

🌐 向"AI 工厂"转型

若企业想要用好 AI 自主学习模型，需要面对哪些挑战
呢？本书第 1 部分提到的"由规模化转向'AI 工厂'的打
法升级"就是答案。这一小节我们参考《AI 时代的战法》
（*Competing in the Age of AI*）一书讨论推进转型的方法。

根据该书的说明，若要实现 AI 工厂的良性循环需要经历
以下四个阶段（图 10-3）：①打破信息藩篱，实现各类信息数
字化并加以运用；②基于数据基础架构开展项目试点，积累实
际案例，进一步丰富数据；③企业上下的数据集成与组织重
组；④构筑 AI 工厂，即 AI 牵引型企业。

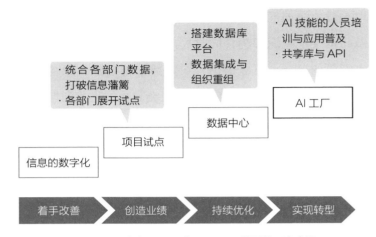

图 10-3　充分运用 AI 实现 AI 工厂转型的四个步骤
资料来源：基于《Competing in the Age of AI》制作。

　　在构筑 AI 工厂之后，各部门应该对以模拟信号形式记录的纸面信息进行数字化，并整理归入统一的数据基础架构。此外，仅仅让组织内的全体成员学习 AI 应用的相关技术与知识还是不够的，为了能够更高效地运用 AI，需要提供相应的工具，如库（Library）及 API。通过访问这些 API，可以在各种场景中运用 AI 技术进行分析与决策。在执行过程中，运用机器人等来实现自动化，减少人力，可以降低边际成本。

　　这里将 AI 工厂的作业流程整理如下：①搭建管线，运用 AI 收集、部署、执行所需数据；②开发算法，分析相关数据；③灵活、持续地优化软件基础架构；④反复实验；⑤为用户提供更优质的商品与服务。例如，我们在本书第 1 部分及第 2 部分中所提及的 MLOps 就是为了不断改善算法而生的。

对普通企业而言，一口气就转型为 AI 工厂是不切实际的。AI 工厂的运营过程中离不开 AI 相关的专业人才，不仅需要软件工程师，还需要掌握数据科学，能够整合数据与 AI 算法的专家。此外，法律方面的专家也不可或缺。

为了转型成为 AI 工厂，需要结合上文提到的四个阶段，并同时改革组织架构与技能的组合。首先要整合各部门分散储存的数据。其次是基于数据运用 AI 创造价值，这一步也被称为试点阶段。此时企业内部的 AI 相关人才储备不足，因此可以考虑与外部的 IT 公司及咨询顾问公司进行合作，积累知识与经验。

在评估试点成果的同时，还需要继续推进企业的数据整合。到了这个阶段，必须果断投入资金和人力资源，推动资源的内包化（Insourcing），搭建数据中心（Data Hub）。而后就要让一线员工认同应用 AI 的企业文化，并在工作过程中掌握相关技术。最后要灵活地优化软件基础架构，这就要求企业文化重视软件开发能力的培养。经历了上述几个阶段之后，企业就能转型成为 AI 工厂了。

一切的工作都还有一个大前提，那就是 AI 工厂离不开海量的数据。企业必须梳理内部数据，对内进行数据诊断（Data Diligence）。诊断包括以下几个项目：①企业自身能够创造什么样的价值？②从什么渠道获取数据？③我方可以与哪些企业合作，对方又能提供哪些有用数据？

许多读者可能有这样的烦恼：即使我们的公司想要转型成为 AI 工厂，身边也没有 AI 工程师，如果委托 AI 独角兽公司的话，高昂的软件开发费用又难以负担。

实际上应对上述问题的解决方案已经浮上了台面。爱克萨科技正在开发的"exaBase Studio"是一个集成开发环境（Integrated Development Environment, IDE），即使用户不是 AI 工程师，也能调用 AI 模型，像搭积木一样开发软件，这是一种无代码（No-code）开发工具。我们每年要经手 300 个以上的 AI 开发项目，这些项目中的 AI 模型被存储在名为"exaBase"的数据库中。过去开发过的 AI 模型可反复利用，同时，我们也正在积累知识和经验更好地去运用这些 AI 模型。由此诞生的便是 exaBase Studio。

借助无代码开发工具，企业就能独立开发软件，发挥敏捷开发的优势。由此，仅凭内部人员就可能实现 AI 工厂的转型，降低了企业的负担。

在 Web3 × AI 的时代，将会涌现出许多类似的无代码开发工具，人们对软件工程的观念也会迎来转变。企业中"不是 AI 工程师，胜似 AI 工程师"的人员将会不断增加。对企业而言，相较于软件开发与算法编写等的工作，如何使其为我所用的智慧更为有意义。将来，能够带来实际成果与效益的数据，其价值也将会水涨船高，而 DAO 的人际网络及基于通证的激励机制则是加快数据价值化的基础条件（图 10-4）。

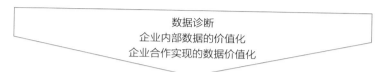

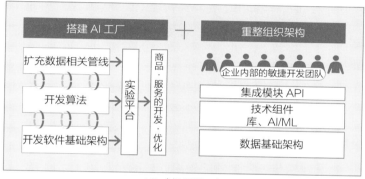

ML（机器学习）

图 10-4　基于 AI 工厂实现以 AI 为核心的运营模式。组织架构的重组是成功的
关键

资料来源：基于《Competing in the Age of AI》制作。

◉ 非人力不可及的智力密集型工作

一旦转型成为 AI 工厂，企业内包括决策在内的各种经营
活动都将交由人类和 AI 合作完成。当然，在这种关系中，人
类应创造并使用 AI，而不应沦为 AI 的 "奴仆"。

能够灵活熟练使用 AI 自主学习模型的组织，一定也是善
用人力资源的组织。妥善调度人力应对那些只能交由人类来完

成的工作，这有助于推动创新。

在成功部署了 AI 自主学习模型之后，组织中的个人有何价值？这一小节我们参考入山章荣教授的学术观点探讨一下这个问题。入山章荣教授任教于早稻田大学，同时兼任爱克萨科技的顾问一职。他提出了 3 套经营理论，分别是双元性组织管理（Manager Ambidexterity）、意义建构理论（Sense-Making）、SECI 模型。

前文已经对"双元性组织管理"进行了介绍，此处不再赘述。关于另外两套理论，我们参考入山章荣教授的著作《全球标准的经营理论》进行说明。

意义建构是一套全新的理论，目前对其的定义尚有争议。入山章荣教授指出，对日本的大中型企业而言，它是最欠缺且最有必要的理念。

《全球标准的经营理论》一书对它的解释是："我们不妨将意义建构理论理解为'组织各成员和各个利益相关方都认可一个共同的目标，并找寻最大公约数的理念'。"

SECI 模型是由一桥大学名誉教授野中郁次郎及其团队提出的。SECI 取自 Socialization（社会化）、Externalization（外显化）、Combination（融合化）、Internalization（内隐化）四个单词的首字母。这是一个描述显性知识与隐性知识相互转化过程的模型。首先，个人知识与经验等隐性知识通过人与人的共情及与周围环境的互动进行共享，并通过思考和对话将其转化成显性知识；然后构建一个框架，使知识在整个组织中编辑、共享，形成系统；最后通过实践产出全新的价值和隐性知识。

SECI 模型可以用于提高员工整体的业务水平，如可以让资深员工以其他员工易于理解的形式来分享个人的知识与经验。

入山章荣教授指出"意义建构理论、双元性组织管理及 SECI 模型这三套理论能形成逻辑的闭环（Triangle loop），只有在生产经营中践行这些新理念的企业，才能成为善于创新的强大企业"（图 10-5）。寻找最大公约数，继而锲而不舍地寻求真知，最终将隐性知识转化为显性知识，完成上述步骤的企业及社会更具竞争力。这就是非人力不可及的智力密集型工作。

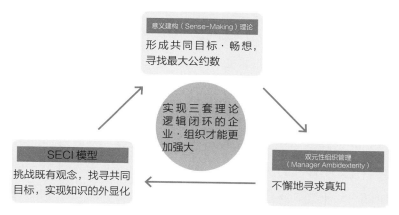

图 10-5　意义建构理论、双元性组织管理和 SECI 模型的闭环
资料来源：入山章荣，早稻田大学大学院经营管理研究科教授。

在 Web3×AI 时代，具备这种逻辑闭环的理念并付诸实践的企业、组织、社会才能充分发挥人力的优势。

⊕ 决策方式和管理层职能的变化

在成功转型 AI 工厂，并践行了上述经营理念的组织中，员工的工作方式将发生变化。其中，变化最为显著的莫过于中层管理人员。中层管理人员的主要职责包括：①监督项目是否遵循既定计划，并及时进行纠正；②选择展开业务所需的技术和技能，并招聘、培训新员工；③在运营层面解构并重构最佳策划案等。其中很大一部分工作可以交给 AI 代劳，这就必然导致企业所需的中层管理岗位显著减少。

在中层管理人员减少的同时，业务一线人员之间交流的需求将会不断提高。例如，基于人与人之间信赖关系开展的工作就无法完全交付给 AI 来完成。从今往后，产业链上多家公司之间通力合作的情况将变得更加普遍，这要求各公司跨越内外的隔阂，共同加入一个高于公司架构的组织，就具体问题展开合作。在这个组织中人员的联系也不依赖 AI。

在这样的组织中，中层管理人员应能够凭借自身经验与客户建立更深入的信赖关系，同时也必须不断鼓舞一线值守员工的人心士气。这是新变化对中层管理者提出的新要求。随着中层管理岗位的不断减少，组织内的能人志士可能会寻求进入经营高层或成为一线的负责人。

第 11 章

"技"：数字技术与创新技能

　　本章将围绕"技"，即企业上下应具备的技术及技能展开说明。在 Web3 × AI 时代，我们需要什么样的"技"呢？

　　我们在第 10 章中提到的"体"，即组织转型的过程中，数字与 HR（组织架构）两个维度上的变革是必不可少的。但若是论及"技"，数字和创新就成了必须具备并不断强化的要素。

　　这里的数字指所需的数字技术，而创新则是指诱发创新的技能及能力。无论缺少哪一方面，变革都无法实现，二者缺一不可。

　　我们先介绍数字化相关的技术。为了熟练使用 AI，除了机器学习和深度学习等 AI 强相关技术之外，我们还需要掌握（如数据科学、软件工程、用户体验等）数字技术。这些技术直接决定了数据科学家能获取什么样的数据，又如何运用 AI 加以分析，得出什么结果。

　　同时，为了迎接 Web3 的时代，我们还需要掌握区块链、

NFT、DAO 及元宇宙等一系列新知识。

掌握这些技术的专业人才将越来越稀缺。据日本瑞穗情报综合研究所（现更名为 Mizuho Research & Technologies）曾发布一份名为《IT 人才供求调查》（2019 年 3 月）的报告，报告指出，2030 年度日本的 IT 人才缺口可能接近 79 万人次，其中 AI 相关人才的缺口将达到 14.5 万人次。

⊕ 人才是数字化的根本

即便是如谷歌、亚马逊等的科技巨头，也在积极地招募优秀的人才。科技巨头之外的全球知名企业也很重视人才招聘和储备的工作。在美国有这样的一则报道，2022 年开年，许多初创公司受美国金融紧缩影响，为改善自身的经营状况，被迫开始裁员。与此同时，科技巨头们却将这些刚刚失业的工程师全部纳入了麾下。

并非只有高科技公司认识到了数字化人才的重要性。美国的沃尔玛是比肩亚马逊的零售业巨头，公司上下一共雇用了 5000 名以上的 DX 人才。该公司长年在 IT 领域投入的资源有目共睹，同时公司也没忘记投资未来，积极地储备了大量的 AI 人才。目前，公司资助的 AI 研究项目初见成果，发表的学术论文收录于 AI 及深层学习领域的顶级学术机构 "NeurIPS" 的会刊之中。在本书的第 1 部分和第 2 部分中，我们谈到了几个由沃尔玛主导的最新技术研发项目。这些案例足见沃尔玛在储备数字化人才方面付出的努力。

招募数字化人才没有捷径，唯一的方法就是广纳贤才。想要储备人才，高薪报酬是方法之一，但是人才会被支付更高额薪酬的竞争者挖走。为了招募和储备人才，包括科技巨头在内的所有公司之间都互为竞争关系。

除了高薪，还有什么渠道能获得人才呢？只招募高学历的应届毕业生显然是不够的，我们需要不拘一格降人才。首先可以放眼全球，并采用兼职、临时雇用等灵活的聘用方式招募人才。另外，也可以搭建科技论坛、社区吸引技术人才。先构筑起人际网络，而后从中招募志同道合的人。

爱克萨科技旗下的工程师共有 150 人，他们来自 20 多个国家和地区，主要研究领域是 AI 技术。公司采用度假式办公的工作模式，搭建了舒适的工作环境，保障了工程师的工作幸福感，以此提高人才对本公司的认同感。

收购其他企业也是提高自身数字化水平的有效手段。最近流行一个新提法——"Acquhire（并聘）"，它是"Acquire（收购）"与"Hire（雇用）"两个词构成的新造词。企业间的并聘不仅仅是为获取另一家企业的业务，更是为了招纳另一家企业麾下的工程师团队。近年来这种收购案例越来越常见。

⊕ 谷歌的算力资源吸引顶尖人才

企业获得数字技术也需要耗费成本。企业资源计划（Enterprise Resource Planning, ERP）等传统的管理系统能帮助企业降本增效，这对企业而言十分重要。如今，我们所追求的数字化能进一步提高生产经营的效率，并且能为企业培育出新的增长点，其意义将突破人们的常识。企业不应将数字化的投入视为成本，而应将其视为一笔战略投资。

这里有几则小故事与数字投资及招募数字化人才的重要性。

本书的第 2 部分介绍了 DeepMind。该公司于英国成立，后于 2014 年被谷歌收购。

除了 DeepMind，谷歌还陆续收购了不少由著名学者创办的创业企业，借此将许多 AI 领域的研究人员招入了麾下，其中就包括"深度学习教父"之一的杰弗里·辛顿（Geoffrey Hinton）。为什么像杰弗里·辛顿这样的著名学者会放弃大学的教职转投谷歌呢？谷歌拥有全球最大的数据中心，正是这种他处不可同日而语的算力资源吸引着一流的研究人员。

谷歌的算力资源对于 DeepMind 的创始人戴密斯·哈萨比斯（Demis Hassabis）而言同样十分具有吸引力。据报道，DeepMind 内部很早就开始研究被谷歌收购的利与弊。想要预测蛋白质折叠结构，解决"困扰生物学界 50 年之久的巨大挑战"，仅凭大学的研究预算或风投公司的资金都是远远不够的。

即便是对谷歌而言，AI 研究人员的薪酬要求也是个顶个的史无前例。《纽约时报》前记者凯德·梅茨（Cade Metz）在《天才制造者》（*Genius Makers*）中如是描述：当初由于杰弗里·辛顿团队的开价过高，以至于一度被谷歌方面的负责人驳回，后经谷歌总裁批示，最终还是通过了聘请杰弗里·辛顿团队的预算。该书中还写道，此后 AI 相关业务给谷歌带来的收益远超预期。

⊕ 诱发创新的 5 项技能

除数字技术外，创新技能也必不可少。诱发创新的技能具体指的是什么呢？

已故管理学家克莱顿·克里斯坦森（Clayton Christensen）因创作《创新者的窘境》（*The Innovator's Dilemma*）一书而闻名于世。这一小节将参考克莱顿·克里斯坦森的《创新者的基因：颠覆性创新的 5 种技能》（*The Innovator's DNA：Mastering the Five Skills of Disruptive Innovators*）展开说明。

该书认为创业者或高层管理者应具备 5 项诱发创新的技能（书中的用语是"发现力"）。这 5 项技能分别是关联、发问、观察、交际、试验，合称为"创造者的基因"。作者观察了数千名创业者，分析他们的商业创意及战略缘何而来，并归纳出了上述 5 项技能。其中就包括了苹果公司已故联合创始人史蒂夫·乔布斯（Steve Jobs）和亚马逊创始人杰夫·贝佐斯等人的故事。

关联的能力是 5 项技能中的核心，指的是将看似无关的现象和想法相互关联，并将它们转化为独特创意的能力。其余 4 项则对应了培养关联能力所必经的实践过程及能力。

发问的能力指的是为了产生创意而提出适当问题的能力。通过发问创业者可以确认现状、搞清成因、发现新观点。

观察的能力指的是眼观六路，能摸清组织结构及运营机制，并能发现计划受阻原因的能力。另外，创业者不仅要关注自己身处的机构，还应持续地观察其他组织的运营情况。在经历了长期的训练之后，就能从看似毫无关联的现象及想法中找到关联，发现商机。

一个人的思考是有局限性的。交际的能力指的是拓展社交圈子、发挥人脉网络效益的能力。对创业者而言，通过交际获取新知，产生创意的能力是一种难能可贵的素质，我们将其称为人脉网络能力。

试验的能力指的是试用新产品、新服务、体验全新业务流程、亲自验证原型产品，并最终得出结论的能力。试验是验证假设、预测行业未来走向的一种手段。例如，我们可以拆解商品样品、拆分服务模块，并基于此来论证其中的市场价值。

实际上，兼具上述 5 项技能的人才世间少见。要求一个人身上同时具备 5 项创新技能并样样精通，这是不切实际的。

🌐 发掘、培养、善用潜在人才

当企业或组织难以从外部招募数字化与创新领域的优秀人才时（实际上这样的企业不在少数），就应该将注意力转向公司内部的人力资源池。根据我们的调查，在企业中平均有约两成的老员工具备推动企业数字化转型的潜力，我们称之为"DX 潜在人才"。

"平均两成"这个调查结果是有根据的。爱克萨科技基于自身 DX 推广的经验及对于企业创新的研究，推出了一款名为"exaBase DX 评价与学习"的自检服务，能帮助企业发掘、培养 DX 方面的人才。截至 2022 年 3 月末，该项服务已拥有约 400 个企业客户，并为约 2 万名企业员工提供了自检服务。我们分析了其中 4700 人的自检数据，获得了"平均两成"这一结果。

参加自检的企业员工要在线回答 100~130 个与数字化及企业创新相关的问题，服务能以可视化的形式展现每位受试者在若干领域的业务技巧与素养水平。业务技巧（包含技术与技能）可以通过后天的学习迅速获得提高，但个人素养受先天因素的影响巨大，难以通过后天的学习迅速改善。例如，软件编程技术和关联的技能归为员工的业务技巧；是否喜爱计算机技术，是否具有高度的自我认同感等则归入员工的素养水平。

自检服务采用 10 分制评分，答案分为 4 个域：数字化 ×

技术、创新 × 技能，数字化 × 素养、创新 × 素养。其中，数字化 × 技术、创新 × 技能 2 个域的得分都在 8.5 以上的员工是能够立刻胜任相关工作的 DX 现有人才；数字化 × 素养域得分在 7.4 以上，同时创新 × 素养域得分在 6.9 以上的员工是 DX 潜在人才。通过对目前收集的自检结果进行分析，我们认为这样的分级较为合理。基于此结果，除去专门的 DX 部门外，企业中还有约两成的 DX 潜在人才。也就是说，我们分析的 4700 人中有 957 人（20%）是 DX 潜在人才；而不隶属于 DX 部门的 3681 人中有 654 人（18%）也属于 DX 潜在人才（图 11-1~ 图 11-3）。

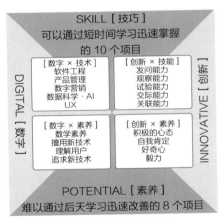

图 11-1　用于发掘·培养人才的服务 "exaBase DX 评价与学习" 的评价点
资料来源：ExaWizards。

隶属于 DX 部门	DX 潜在人才的比例	DX 潜在人才的数量	合计
隶属	30%	303 人	1019 人
不隶属	18%	654 人	3681 人
公司内有 DX 部门	18%	610 人	3474 人
公司内没有 DX 部门	21%	44 人	207 人
合计	20%	957 人	4700 人

图 11-2　企业 DX 部门外的 DX 潜在人才比例（约占 2 成）
资料来源：ExaWizards。

咨询服务

专业人才（律师、会计、医疗、教育等）

策划（经营规划、行业规划、营销等）

营运

文创（电影 / 音乐制作人、舞台灯光等）

技术人才（材料、视频、医疗）

技术人才（电子、电力、机械）

技术人才（软件、IT 部门）

服务·销售

文员（人事、总务、经理等）

技术人才（基建、土木）

其他

合计 957/4700 人 平均占比 20%

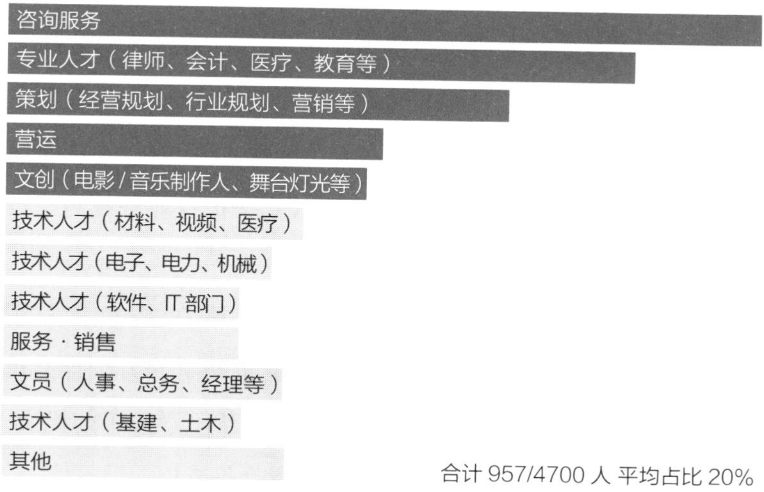

图 11-3　不同职业中 DX 潜在人才的占比
资料来源：ExaWizards 调查·分析、2021 年 12 月。

面对素养方面得分较高的 DX 潜在人才，企业可以采用技能与技术培训等手段，从内部获得 DX 人才。如前文所述，业务技巧可以通过后天的学习迅速掌握。

按照行业来看，DX 潜在人才占比最高的是咨询服务行业，高达 48%；其次是律师、会计、医疗、教育等专业领域，为 40%；而后是策划的 32%，营运的 24%。但是软件开发与 IT 相关行业的 DX 潜在人才占比仅有 15%，有些令人意外。

⊕ e-Learning 提高员工业务技巧、增加竞争力

"玉不琢，不成器"，对于 DX 的潜在人才而言也是同理。在前一小节中我们提到的分析结果表明，4700 人中有 957 人（20%）是 DX 潜在人才。这 957 人中的 411 人（43%）在数字化 × 技术域的得分不足 1，359 人（38%）在创新 × 技能域的得分不足 1。这些员工的素养水平较高，但在业务技巧（技术与技能）方面略有欠缺。

通常的情况下，企业为了培养 DX 潜在人才会采用 Relearning（再学习）和 Reskilling（技能重塑）的方法提高员工的业务技巧。如果企业提供 e-Learning（线上学习）的机会，就能在较短的时间内有效地提高员工的业务技巧。通过学习，员工在自检中每提高 1 分，企业就能获得更多的 DX 人才。

培训要消耗时间与金钱的成本，但是相较于录用新人，培训等手段能更有效地确保人才的储备。对于企业而言，培训的手段经济实惠，是个不错的方法。相较于新人，企业内的 DX 潜在人才更了解企业风格、企业文化及业务内容，这也是一大

优势。许多企业并未意识到内部其实"卧虎藏龙",存在着"灯下黑"的情况,应该重新审视企业内部已有的人力资源。

🌐 因应变化趋势的 10 项未来职业技能

前文提到的 5 项创新技能,分别对应着什么样的具体实践呢? 英国牛津大学迈克尔·奥斯本教授(Michael Osborne)的论文《未来技能》(*The Future of Skills*)中提到了 10 项职业技能。这一节将前文提到的 5 项技能解构成 10 项进行说明。我们的调查发现 5 项技能与未来必备的 10 项技能之间存在很高的关联度。

迈克尔·奥斯本教授于 2018 年开始担任爱克萨科技的顾问,他曾于 2013 年(译者注:论文于 2013 年在研讨会上宣读,于 2017 年见刊)发表了一篇著名论文《未来就业:计算机化对工作的影响》(*The future of employment: How susceptible are jobs to computerisation*)。文中观点认为未来的 10 年内,47% 的岗位将实现自动化。换言之,AI 将代替这部分人的工作。这一论断极具影响力。

紧随其后,迈克尔·奥斯本教授于 2017 年发表了《未来技能》(*The Future of Skills:Employment in 2030*),论文中探讨了 2030 年人们所需的职业技能。

在这篇论文当中,研究的前提不仅只有"AI 将取代 47%

的岗位"这一条，还涉及了当今全球面临的多重挑战，这使得文章值得深入研读。除了大量岗位实现自动化这一技术领域的变化，可持续发展、城市化、贫富分化、政治动荡、全球化、人口增长这 7 个领域的变化趋势，终将影响未来所需的职业技能。这 7 个领域变化的背后都直接指向了当前紧迫的社会问题，未来所需的就是能够应对社会问题的职业技能。

为了应对这 7 个领域的变化，论文中谈到了 10 种未来的技能，分别是：①社交洞察能力；②想象力；③心理学；④领导力；⑤协调能力；⑥独创性；⑦学习策略；⑧自主学习；⑨教育与培训；⑩社会学·人类学（图 11-4）。其中的多数都离不开独属于人类的"社会智能（Social Intelligence）"。为了便

①社交洞察能力（Social Perceptiveness）：察言观色，面面俱到

②想象力（Fluency of Ideas）：天马行空，畅所欲言

③心理学（Psychology）：心之所向，素履以往

④领导力（Instructing）：高瞻远瞩，身先士卒

⑤协调能力（Coordination）：动之以情，晓之以理

⑥独创性（Originality）：自成一格，匠心独具

⑦学习策略（Learning Strategies）：持之以恒，精益求精

⑧自主学习（Active Learning）：迎难而上，越挫越勇

⑨教育与培训（Education and Training）：温故知新，诲人不倦

⑩社会学·人类学（Sociology and Anthropology）：革故鼎新，重塑社会

图 11-4　迈克尔·奥斯本教授提出的 10 项"未来的职业技能"
资料来源：基于《The Future of Skills:Employment in 2030》制作。

于理解，我们将其中每一项具体所需的实践与能力列了出来。

首先通过充分交流，照顾社会上的利益相关方，谋求合作（①）；在合作中充分互动，分享创意（②）；而后从众多选项中找到自己的心之所向（③）；制定并分享目标，指引团队路线（④）；动员他人参与协作（⑤）；在协作中发掘自身的独特价值（⑥）；设定学习计划提高自身价值（⑦）；迎难而上，百折不挠，越挫越勇（⑧）；将成功经验整理成体系，并传授给他人（⑨）；通过这样的实践，塑造全新的社会面貌（⑩）。

🌐 构筑交互记忆提高业务技巧和组织竞争力

构筑交互记忆（Transactive memory）有利于提升组织的数字技术与创新技能的水平。交互记忆是一种组织成员之间的知识分工系统，用于分享不同成员在各自领域的知识储备。每个成员在遇到困惑时可以迅速地在组织中找到相关领域的专家，获取相应的知识，仿佛就像是所有团队成员共用一个大脑。

组织中有各种各样的人才。如果能共享每个人拥有的知识和技能，组织整体的能力也就能进一步提高。有许多方法可以增加交互记忆的信息储备，如可以使用知识管理（Knowledge Management）一类的数字化工具。此外，为每日忙于眼前工作的员工创造交流机会，促进人际交流也是一个好办法。

爱克萨科技也采取了各种各样的措施，最大限度地提高本公司内部的交互记忆效果。例如，我们会安排与工作业务无直接关联的团队活动，或安排 3~4 人的小规模线上餐会，有意愿参加的员工可以通过抽签加入餐会。在这类活动中，参加者可以分享自己追求的目标、挑战的事情，或者对未来的愿景，通过这个机会介绍自己所掌握的知识、能力等各种专长。另外，我们的管理层会议也是在线进行的，公司成员都可以参会旁听。

第 12 章　　　　　　　　　　　　　　　　　_□☒

"心"：积极的心态带来的增长

　　在本章中，我们来探讨一下"体""技""心"中的"心"，即员工幸福感和心理健康的话题。近年来时常能听到诸如工作方式改革，以及员工福祉（Well-being）等的讨论。

　　通过组织变革，可以让员工获得必备的业务技巧。这可能是越来越多企业接纳改革的原因。但是在改革过程中，员工心理状态如何变化，却鲜少有人关心。实际上，员工的心理状态对于最终改革成效有着巨大的影响。

　　在工作之中施展自己的才华，并与周围的同事建立良好的人际关系，这都能提高员工的工作幸福感。为此，鼓励内部成员各抒己见的企业文化，以及多元包容的职场环境是十分必要的。

　　在规模化生产的时代，员工之于企业不过是机器上的零件，这样的生产关系确实取得了一定的成绩，上情下达的组织架构曾经是有效的。但是进入了 Web3 × AI 时代，创造力是决定企业竞争力的一大关键。可以自由发表建设性意见的职场氛围有利于员工保持积极心态，诱发创新。

⊚ 硅谷推崇积极向上的心态

美国的硅谷就是一个很好的例子，可以用于说明积极乐观心态与创新之间的联系。硅谷是初创公司的摇篮，该地区倡导积极自由的心态，这种区域文化十分有利于提高组织活力，促进企业的成长。

彼得·泰尔（Peter Thiel）是美国 PayPal 和帕兰提尔（Palantir Technologies）的联合创始人，他是一位极具代表性的硅谷投资家、实业家。他认为"外显的乐观主义（Definite optimism）"是有益的。苹果公司的已故联合创始人史蒂夫·乔布斯曾在美国斯坦福大学的毕业典礼上进行过一次传奇性的演讲。演讲稿的最后一节"保持饥饿，保持愚蠢（Stay Hungry, Stay Foolish）"当中，也同样谈到了保持乐观主义心态的重要性。

微软将自身的企业文化划分为 5 个方面，其中之一就是"成长型心态（Growth Mindset）"。这一提法出自卡罗尔·S.德韦克（Carol S. Dweck）的畅销书《终身成长》（*Mindset*）。持有成长型心态的人认为人的才智能通过锻炼得以提高，自己可以在挑战和失败中茁壮成长，变得更加优秀。与之相对的是

"固定型心态（Fixed Mindset）"，这种思维模式认为人的聪明才智是天生的，后天无法改变，因而这样的人回避挑战，害怕失败。

谷歌用"心理安全感（Psychological safety）"来描述员工的心态，主要观察员工是否敢于在组织中承担风险，又是否会因向人袒露想法和情绪而感到不安或难堪。谷歌为了探寻"理想团队的所需条件"启动了"亚里士多德计划"，对员工心理安全感的研究就是该项目的一项成果。在这个研究项目中，谷歌调查了 180 个团队的运作情况，其中包括工程师和营销团队。研究得出了一个最终结论：团队成员如何协作比团队成员如何构成更值得关注。研究还指出，影响团队工作效率的要素有 5 个，其中最重要的就是心理安全感。心理安全感较高的团队，成员更敢于承担风险，不担心因失败遭到嘲弄或惩罚。其余 4 个影响要素分别是：团队可靠性（Dependability）、结构与清晰度（Structure and Clarity）、工作的意义（Meaning）、工作的影响（Impact）。

积极的心态能带来创新，而消极的心态则会导致企业的损失。日本厚生劳动省的《2021 年劳动安全卫生调查（实况调查）》结果表明，截至 2021 年 10 月末的 1 年内，各类工作场所中，有员工因心理健康问题而缺勤 1 个月以上或离职的高达 10.1%。

人才是企业最大的财富。员工缺勤或离职是一个大问题，即便这不是普遍情况，但也不能置之不理。这些脱离工作岗位的员工中也有许多不可多得的人才，有些是支撑企业转型的"即战力"，有些则是有待雕琢的潜在人才。如果放任，对周遭的同事也会造成不良影响。

还有一项调查发现，假如一位员工（年近不惑，年收入约600万日元）休假半年，那么休假前后的3个月需要交接工作，休假中的6个月由其他员工代班，其中会给企业额外造成约422万日元的损失。员工如果无法正常工作，仅从数据上看就是亏损的。

⊕ 帮助员工保持积极心态

如何帮助员工保持积极的心态？如果员工的心理状态无从得知的话，相关的工作也就无从下手。在征得同意之后，企业应该主动了解员工的心理状态。在多数的情况下，心理疾病都是一步步逐步恶化而产生的。企业应该采取早期的应对措施，防微杜渐。

可行的措施有三种：心态调查（Condition survey）、eNPS指标（Employee Net Promoter Score）、个人工作计划表（Credo sheet for 1 on 1）。

首先是心态调查。它包括一套问卷，用于调查员工所处职场氛围和谐与否。问卷中包括约40道题目，覆盖敬业度（Engagement）、eNPS 指标、心理安全感（Psychological safety）、压力测试（Stress check）、诚信度（Integrity）、多元性 & 包容性（Diversity & Inclusion）等多个领域。例如，问卷中的"敬业度"部分有以下 8 道题。题目摘自美国 ADP 研究院（ADP Research Institute）于 2019 年公布的员工敬业度评估项目。值得注意的是，这些问题并非用于评价上司或公司，而是要求员工为自身的工作体验及感受打分。

Harvard Business Review（《哈佛商业评论》）2019 年 11 月刊的《隐形团队的力量》一文中，介绍了这 8 道题。

①我由衷认可公司的使命，并愿为此做出个人的贡献。

②在工作中，我很清楚组织对我的期许。

③我与所属团队的成员拥有相同的价值观。

④在每天的工作中，我都有机会发挥自身的强项。

⑤团队的其他成员乐于给予我支持。

⑥我相信出色的工作会得到相应的认可。

⑦我对公司的前景充满信心。

⑧我能够在工作中获得磨炼的机会，不断成长。

其次是 eNPS 指标。它指的是员工净推荐值，是一种员工忠诚度指标。通过向员工提问："您会向他人推荐自己供职的公司吗？请使用 0~10 来表示推荐的程度"，以此获得员工对工作认可度的量化指标（图 12-1 和图 12-2）。员工中打分不足 6 的是"批判者"，打分在 9 以上的是"推荐者"，推荐者比例减去批判者比例得出的数值就是 eNPS 指标。

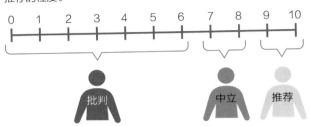

问题：您会向他人推荐自己供职的公司吗？请使用 0~10 来表示推荐的程度。

图 12-1 "eNPS 指标"即员工忠诚度指标。以推荐者的比例减去批判者的比例即得出该指标

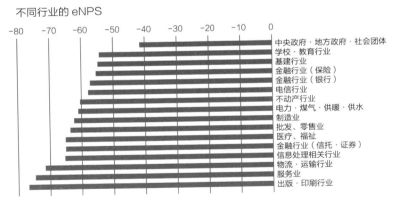

不同行业的 eNPS

图 12-2 eNPS 指数的计算方法（上）与不同行业的 eNPS 指数

资料来源：beBit。

最后是个人工作计划表。这里的"Credo sheet"指以表格等形式填写的工作计划。员工先在计划表中填入工作目标、工

作重难点、实现手段、所需团队等信息。随后，每位员工拿着这份工作表与上级逐一面谈，协调工作中自身的成长路径与发展空间。

如果借助 AI 来掌握员工的心理状态的话，可以有效地提高制定相关应对措施的相关决策能力。爱克萨科技会定期采取上述的措施，帮助公司员工保持积极的心态。

🌐 在工作中实现自我价值

我们也发现，工作，或者更准确地来说，从工作获得的自我实现也能给员工的心态带来积极影响。在这一小节，我们介绍一下 Eudaimonia 研究所代表理事水野贵之倡导的 "Ikigai（人生价值）理论"（图 12–3）。该研究旨在通过经营活动实现人生价值的最大化。人生价值随着个人所处的阶段与需求不同而变化。

著名的马斯洛需求层次理论（Maslow's Hierarchy of Needs）指出，人类按照 "生理" "安全" "社交" "尊重" 和 "自我实现" 的顺序，不断产生新的需求。人的生理需求获得满足之后，就会开始寻求安全；在安全的需求获得满足之后就会去寻求归属；依此类推。

Ikigai 理论以马斯洛需求层次理论为基础，将人的需求分为三个阶段：生存与安全、归属与认可及自我实现。根据个人

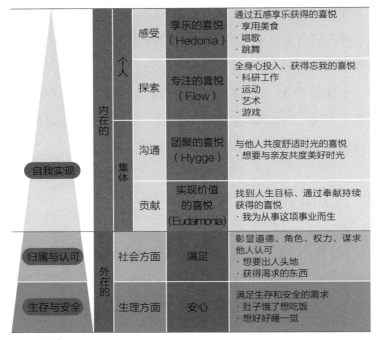

图 12-3 Eudaimonia 研究所代表理事水野贵之倡导的"ikigai（人生价值）
理论"中不同阶段的需求

资料来源：Eudaimonia 研究所。

所处阶段的不同，每个人的人生价值会有所不同。在第一个阶
段人们追求的是安全感，而在第二个阶段人们追求的是集体的
认可。就日本的社会整体而言，前两个阶段的人生价值都已经
实现，人们所追求的是第三个阶段的自我实现。外在的需求获
得满足之后，人们转而开始寻求内源性的满足感。

相较于第二个阶段，在能够获得自我实现的社会之

中，人们能获得实现价值的喜悦（Eudaimonia）、团聚的喜悦（Hygge）、专注的喜悦（Flow）、享乐的喜悦（Hedonia）。这 4 种喜悦中，实现价值的喜悦指为社会做出贡献的同时发现自我的人生目标，以及存在意义而获得的喜悦。人们可以从工作中源源不断地获得实现价值的喜悦。

为了帮助员工保持积极心态，不强加工作压力、容忍失败、欢迎创新、组建相互信赖的团队等措施都十分必要。同时，帮助人们在工作中实现自我价值，也有助于员工保持积极的心态。

注释

＊"帮助员工保持积极心态"一节中所介绍的"eNPS指标"，其基础是"NPS（Net Promoter Score）"，由贝恩咨询公司（Bain & Company）于2003年率先提出，用于调查顾客忠诚度。"Net Promoter""Net Promoter System""Net Promoter Score"，"NPS"及与NPS相关的图标是贝恩公司、弗雷德·赖克哈尔德（Fred Reichheld）及Satmetrix系统所注册的商标或服务标志。

结　　语

在本书的最后，我想重申一下本书的创作动机，并借此向各位读者说明爱克萨科技如何诞生、有何思考、为何目标。

以"运用 AI 解决社会问题创造幸福社会"为工作目标的爱克萨科技成立于 2016 年。此后，认同我们理念的客户、用户及同僚不断增加。2022 年 7 月，公司员工约达 400 人，其中包括 AI·机器学习专业的工程师、技术顾问、产品经理、用户界面·用户体验设计师等不同专业的人才。

公司名"ExaWizards"一词是由"Exa"（10 的 18 次方）和"Wizards"（奇才，魔法师）两个部分组成。"奇才"是我们对工程师中出类拔萃者的敬称。与其他 AI 初创公司最大的不同之处在于，我们的公司中有许多来自不同专业领域的奇才。除了 AI 工程师、技术顾问，还有中央政府部门的前职员、记者、金融从业人员、律师、养老护理员等，覆盖了众多的行业和领域。

"解决社会问题 × AI"是我们的发展愿景，也是事业的起点，我们将在寻求增长的同时追求这一目标。分享我们的故事或许有些自卖自夸，但是多少对社会有所帮助，于是我们开始了本书的写作。

🌐 运用 AI 解决社会问题创造幸福社会

"运用 AI 解决社会问题"并不仅仅是一个标题,也是我们的真实动机。在每月两次的全公司视频会议上,经营管理团队总是不厌其烦地强调"我们是为了解决社会问题而聚在一起的"。

当今的社会,对于物质的追求已获得了极大的满足,人们开始追求精神的满足。在这种时代背景下,越来越多的人开始认同我们的理念,其中不乏优秀的年轻人。一部分优秀的人才加入了我们的团队。全球领先的职场社交平台领英(LinkedIn)按日本国内初创企业招募人才的数据制作了名为"LinkedIn Top Startups Ranking"的榜单。我们的公司榜上有名,2019 年和 2020 年蝉联第一。

在工作遭遇困难的时候,我们坚信"现在所坚持的事情一定能帮到一些人",这也是我们工作的原动力。在失去方向踟蹰不前的时候,"我们为了解决社会问题而齐聚一堂"的观念就成了指引去向的指南针。

归根结底,我们希望追求幸福社会的同时,我们自己也能获得幸福的生活。在运用 AI 构筑幸福社会的同时,我们每个人也都享受自己的工作。我们希望能通过工作获得精神的满足,经济上的满足并不是一切。

在此与各位分享公司创始人春田真先生的一句话,在日复一日的工作中我们都将这句话谨记在心。

"儿时，长辈的教导总是自己事情自己做。整理房间如此、学习亦是如此。走上社会之后又如何呢？做与不做的区别仅在于你是否将眼前的问题视作自己的事情。那么面对眼前的问题吧。把它作为自己不得不面对的问题。我们又怎能视而不见呢？为了把世界改造成儿孙们能够幸福生活的模样，各位，行动起来吧。"

🌐 企业应该如何面对 Web3

在本书写作到一半的时候，我对 Web3 认识不足的问题暴露了出来，写作随之陷入了停滞。虽然本书中引用了许多介绍"Web3 为何物"的书中的观点，但是"企业，尤其是大型企业应该如何对待 Web3""如何认识 Web3 与至今热议不断的 DX 之间的联系""Web3 与 AI 有何关联"等疑问接二连三地冒了出来。在这里不妨分享一下此时此刻我们对该问题的假想。时至今日，我们客户中的企业高管直接询问 Web3 相关问题的情况有所增加。Web3 不仅是技术上的创新，最主要的变化在于价值观的层面，我认为这与我们运用 AI 解决社会问题的公司经营理念紧密挂钩。

Web3 反映出了全社会对科技巨头垄断财富与影响力的批判。今后的发展趋势是：数据的处置权回归用户个人，数据归个人所有，由个人管理。

在本书的第 2 部分，以此时此刻是否取得成果为基准，介绍了许多 Web2.0 时代与 AI、DX 相关的案例。或许，案例中的这些企业今后会结合 Web3 的技术手段，迎合时代思潮，进一步谋求自身的发展。

本书第 1 部分提到的 SBT 技术，是最有望成为下个时代的核心技术的。Web3 的意见领袖维塔利克·布特林在其论文《去中性化社会》（*Decentralized Society*）中指出：每位用户自行管理个人数据，通过积极提供数据的使用权，将能为科学技术及经济发展做出自己的贡献。

🌐 从个人到社会

如今"不愿向他人提供个人数据"的用户占绝大多数。想要使人们积极分享数据，有哪些必要条件呢？维塔利克·布特林指出，最为关键的莫过于能够有效保护用户个人隐私的 SBT 等 Web3 技术手段，而后需要的是鼓励数据分享的激励手段。这里所说的激励手段可以理解为发行通证。维塔利克·布特林指出，代替个人用户管理个人数据，并围绕数据使用费用与企业进行交涉的"个人数据管理机构"等类似组织将会应运而生。

每位用户都积极地分享个人数据的 Web3 时代，将会与当今的社会有何不同呢？

假设，全球大部分人分享自己的 DNA（Deoxyribo Nucleic Acid，脱氧核糖核酸）、生理指标、饮食及运动等相关数据的话，医疗机构就能立刻为这些用户进行癌症的早筛，另外癌症相关的种种谜团也将在很大程度上找到答案。医疗机构还可以通过手机应用程序为每位用户推送个性化的癌症预防健康生活建议。如此一来，人们的患癌概率将大幅下降。同理，心脏病、抑郁症等人类不得不面对的各类疾病也将会找到有效的应对手段。如此一来，人类社会将越来越有希望，解决社会问题的梦想将逐步成为现实。

不仅每一个企业能利用 AI 自主学习模型获得利润，全社会也将蒙受恩泽，这就是 Web3 给人类社会带来的影响。

在 Web3 变得家喻户晓之前，爱克萨科技就怀揣着对未来的愿景，开展了广泛的业务。我们的业务覆盖了医疗、养老护理、金融、制造业、人力资源等多个领域。这是因为我们坚信收集多模态数据用于训练 AI 自主学习模型能创造出大量的财富，而且这些财富的价值将呈现出指数级的增长趋势。我们称之为多模态、多部门战略。但是，单凭我们一家公司，能力总归是有限的。因而爱克萨科技与许多日本知名的大型企业、科技公司相互合作，致力于应对各种社会问题。

我们的机遇就是 Web3，它能带来观念、技术、行为模式上的变革。所有的企业、个人应该团结一致，运用 AI 自主学习模型，或许可以在科学技术、经济发展等诸多领域实现指数级的快速发展。

在这样的潮流中，对有志于 DX 变革的企业而言，本书所提及的"BASICs"是一个很好的实践框架。所谓"框架"或许是一种不接地气的说法，各位读者仅需要把框架中的要素作为从今往后工作中的确认项目就足够了。

⊕ 着力于解决交叉领域的十大社会问题

每一类社会问题往往还会涉及若干个交叉领域。爱克萨科技所拥有的经验、服务及算法等的技术储备涉及多个领域，因而可以比较好地应对本书第 2 部分提及的十大社会问题。一些我们的业务所涉及的领域在前文尚未向大家介绍，下面对此进行补充说明。

首先是"保障身心健康"的部分。在"应对重度老龄化社会"一节中我们聚焦了"CareWiz Toruto"和"CareWiz Hanasuto"两款应用程序。在"优化医疗资源配置，应对大流行病"与"关注民生福祉"两节中，我们也介绍了生命科学与医疗保健相关的专业队伍，以及他们的出色表现。

例如，我们与大型制药公司合作开发了"exaChem"，这是一个独特的集成模块接口（Module API），其中内置了为研发新药特别开发的 AI 功能，目前已用于药物研发项目的各个阶段。内置的 AI 功能针对小分子类化合物的相关数据进行了适配和优化。相较于其他通用型 AI，借助专用的 AI，数据的前期处理，以及衔接既有研发流程的工作变得更加轻松。在开发之初我们就有意识地加强了接口的易用性，对数据科学没有深入了解的药物研发人员也能轻松地使用这个接口。

基于 exaChem 的集成接口，我们也可以协助制药公司搭建用于研发新药的 AI 平台。在新药的研发过程中，可以充分使用 AI 自主学习模型取得飞速的进展，让数据牵引的观念根植人心。

为应对"关注民生福祉"的课题，我们也开发了许多新的技术。

"WellWiz"能反馈心理健康专家的建议，是世界卫生组织（World Health Organization, WHO）指定的心理健康自检程序，Web 应用程序能为用户进行心理健康方面的简易评估。用户可以将每日的所感、所思记录在程序中方便回顾，也可以在线进行呼吸方法及认知行为疗法（Cognitive Behavior Therapy, CBT）等的训练。认知行为疗法的专家会通过网络与用户面谈，答疑解惑。

今后我们打算将 WellWiz 打造成一个健康平台，用户登录平台之后可以选择心理健康相关的一系列服务。届时，大型保险公司也可能入驻平台，成为我们服务的客户。

为了应对"迎接工作模式的转型"，我们开发了一项服务，使用 AI 图像分析技术来评估员工与上级一对一面谈的效果。今后，职工福祉及心理健康方面的专业服务将成为刚需。

在第 1 部分的"AI 技术保障 Web3 应用落地"一节中，我们介绍了利用图像识别 AI 对身体的运动和姿势进行数字分析的技术与服务。运用这项技术，目前我们正与大型制药公司展开合作，开发全新的健康护理服务并开展临床试验，这将有利于医疗研究的发展，有利于新型医疗方案的开发。

其次是"持续应对环境变化"一章。"应对气候变化""节能减碳""避免粮食短缺危机"这几点在当今社会也广受舆论关注。

目前，爱克萨科技也不断推进与能源公司等的合作项目，推广绿色能源与可再生资源的应用。在气候领域，我们计划与日本气象协会共同推出多款旨在应对气候风险的服务，包括商品需求预测、健康监测、防灾预警等。

"避免粮食短缺危机"是一个 AI 应用的新场景，目前已有相关企业与我们洽谈该领域的业务。这方面的经验源于新药研发过程中对 AI 的开发、调试及应用。目前，爱克萨科技旗下有专业的 AI 机器人设计团队，拥有提高食品相关行业供应链效率的相关技术。

最后是"强化区域经济"的部分。为了"保障供应链，促进发展"，我们与大型物流企业联手，率先在业内运用了"MLOps"的技术手段，大幅提高了物流业务的预测精度。这一技术手段是美国的科技巨头部署 AI 自主学习模型的基础，在日本的企业中的应用还比较少。如果能在日本的企业中普及 MLOps，就能够大幅强化日本国内外的供应链。尤其是对能源与零件等的供给侧而言这是十分重要的。

商品流通的第一线，基于 AI 的高精度天气预报、市场上的实际商品需求、网点员工的工作情况等条件都需要纳入考虑以实现最佳的资源配置。为此仅凭 AI 的预测依然不够，还需要结合实际情况进行数值优化（Mathematical Optimization）。

为了应对"刺激地方经济，扶持中小企业"的问题，在本书第 2 部分我们介绍了"CareWiz Toruto"的案例。日本的许多地方政府引进了"CareWiz Toruto"的服务，利用该服务地方政府下辖的养老机构就能够通过数据更全面地掌握高龄老人入住后的摔伤风险。这方面的实践有利于在政府层面推动基于证据的政策立案（EBPM）的执行。此外，我们正在开发全新的 AI，能根据地方政府下辖养老机构的数据，预测养老护理的市场需求。同时，我们还向地方政府提供人才培训服务，培养能推动地方政府数字化转型的必要人才。

最后一点是"实现可持续的生产与制造"。本书的第 2 部分还提到了我们为大型钢铁企业提供的作业状态可视化服务，帮助企业实现技术传承。今后，不仅是制造业，各行各业都会意识到技术传承的重要性，这方面服务的需求也将会不断扩大。爱克萨科技有应对这种市场需求的技术储备，也有相关专业的工程师与技术顾问的人才储备。

以上列举的社会问题往往涉及交叉的领域。例如，若仅有发电厂运用 AI 提高自动化效率，则无法实现"应对气候变化""节能减碳"的目标。

资深专家长期积累的经验与技术是保障技术手段实效性的必要条件。将这些无形的知识化为有形的数据，并根据现实情况不断运用 AI 加以调整才能长期为组织所用。

⊕ 群策群力解决社会问题

在本书的第 3 部分，我们介绍了"体""技""心"，此三者能够引领 Web3 时代的 AI 战略走向成功。在现实情况中，当企业认识到 DX 中 AI 的价值，并寻求运用相关技术时，却发现组织里没有 AI 工程师。同时有许多人认为，即使委托 AI 独角兽公司开发 AI 模型，也无法帮助企业推进资源的内包化。

正如本书第 3 部分中所介绍的，我们针对这个问题提供了解决方案。爱克萨科技每年处理约 300 个 AI 开发项目，并将过去开发的 AI 模型存储在名为"exaBase"的数据库中，以便于循环使用。基于这个数据库，我们计划提供一个名为"exaBase Studio"的集成开发环境。这是一款用于开发 AI 模型的无代码开发工具。即便不是工程师，有了 exaBase Studio 之后，企业中的相关负责人也可以像搭积木一样链接多个 AI 模型，在任意的云服务器上轻松构建执行环境。

　　工具的开发界面类似于画布，在画布上将代表 AI 算法和软件的图标连接起来，不需要编写代码就能搭建 AI 应用程序。数据库中有许多"AI 零件"，像积木一样简单易用。企业原有的 AI 算法、互联网上的 API 等都能与这个开发工具对接。我们与其他无代码开发工具的不同之处正是这种兼容性。

　　在过去，想要开发一个 AI 算法，就需要企业将所需的 AI 进行精确的描述，而后开发团队花费数月或数年时间进行开发。如今，这类工作仅需数日或数周就能完成。与传统的开发方式有所不同，现在的 AI 不需要在诞生之初就具备所有的功能。敏捷型团队完成 AI 开发工作之后即可投入运营，而后不断按照需求进行训练即可。

　　一些跨部门的机构（如生产、研发、市场营销、销售、客户成功、人事等）可以先行开发各自的应用程序，之后再进行整合也并不困难。在下一个时代，企业管理层或许可以一边查看营收数据，一边更换 AI 模型，调整设定数值，以此谋求营收的增长。

　　对工程师而言，exaBase Studio 也是一款称手的工具。有了它，工程师可以迅速地为雇主提供可运行的原型程序。另外，也可以利用 API 与各种服务相互对接，快速实现更高级的功能。

　　2022 年，我们与多个行业的大客户携手，开始了 exaBase

Studio 的 PoC 工作。我们希望从 2023 年开始正式为各大企业提供服务。参考 BASICs 框架重新定义业务内容，我们决定先从小项目开始，将项目付诸行动。

我们的目标是建立一个这样的世界：无论是谁，只要有志改变社会、做出贡献，就能借助 AI 自主学习模型来开启自己的项目，应对社会问题。为此而生的平台就是 exaBase，而 exaBase Studio 则是提高平台易用性的工具。我们由衷地希望各位读者能利用这些工具，启动项目，为解决社会问题贡献一份力量。

致　　谢

在最后，请容我向提供协助和给予鼓励的朋友表达谢意。

首先必须感谢的是爱克萨科技的各位客户及合作伙伴。各位致力于解决社会问题的实践极具启发意义，各位对于全新社会价值观的憧憬激动人心，这些案例都是我写作的灵感。请容我再次向各位表达敬意与感谢。

如果没有市岛洋平先生的协助，也就没有本书的出版。他是本公司的执行董事（Managing Director, MD），整理了Web3、AI、DX、社会问题应对等的复杂资讯，一人承担了国内外案例的调查、采访工作。同时，他也是BASICs框架的最初提案人。在美国，执行董事通常承担起向外说明企业战略的职能。或许继爱克萨科技之后，越来越多的企业也会安排执行董事一职。

汤川鹤章先生（爱克萨科技的AI新闻总编）拥有长年驻扎美国的经验与深厚的人脉，他一直关注着最新科技的发展趋势，不仅能迅速获取新闻资讯，还能准确把握新闻的背景脉络及对于未来的影响意义。本书中对于Web3动向的调查，以及Web3与AI之间关系的深入分析，都离不开汤川鹤章先生的指导。

久保雅裕先生协助我完善了本书的核心观点BASICs框架，

这是本书的思想结晶。他指出面对社会问题，公共部门与民间企业之间能够合作的空间比历史上的任何时期都更大。他对于社会的观察十分深刻，总能给予我全新的启示。

爱克萨科技的董事会成员，特别是与外部董事火浦俊彦先生的对话，给予了我极大的触动。他对《AI 时代的战法》（*Compe ting in theage of AI*）一书的诠释，以及对 AI 之于企业经营的作用等的观点都被反映在了本书当中。另外，外部董事新贝康司先生对于如何创新、如何经营组织以应对于社会问题有着深入的思考。这些思考也反映在了这本书中。而后是董事长兼社长的石山洸先生，本书的许多关键部分也参考了他的独特想法及建议。

早稻田大学研究生院的入山章荣教授是爱克萨科技的顾问，著有《世界标准的经营理论》、翻译审校了《双元组织管理》。他向我介绍了以上两本书中的重要观点，与我分享了管理学及组织论的相关专业知识。此外，Eudaimonia 研究所的水野贵之先生向我介绍了今后日本企业及组织所可能要面对的人才资源问题，以及相应的解决之道，这是本书的结论。

日经 BP 出版社的责任编辑中村建助先生，我向他介绍了写作的构思及爱克萨科技的工作和成功案例。他总是不厌其烦地认真倾听我的讲解，并给予了我许多建设性的反馈和建议，十分耐心地承担了本书的编辑工作。

受限于篇幅，无法一一列举为本书出版做出过贡献的各位朋友。

爱克萨科技的各位员工，是他们不辞辛劳地进行事前调查，为我的写作提出建议，并抽空校阅书稿。此外，为我的写作提供协助的社会各界人士、一直支持我的家人、日经 BP 出版社的各位编辑，若没有他们我也将无法完成本书的写作工作。

请容我再次向这些朋友表示感谢，谢谢大家！在 Web3 的时代，日本的企业及社会应如何运用 AI？希望本书的各位读者都能有所启发，我将感到不胜荣幸。